NUEVOS ESTUDIOS SOBRE ASTRONOMÍA ESPAÑOLA EN EL SIGLO DE ALFONSO X

INSTITUTO DE FILOLOGÍA
INSTITUCIÓN «MILÁ Y FONTANALS»
CONSEJO SUPERIOR DE INVESTIGACIONES CIENTÍFICAS

NUEVOS ESTUDIOS SOBRE ASTRONOMÍA ESPAÑOLA EN EL SIGLO DE ALFONSO X

Editados por
JUAN VERNET

BARCELONA 1993

ISBN. 84-00-05530-6
Depósito legal: B. 40652-1983

Fimagraf-sa. Bot, 13. Barcelona, 1983

NOTA PRELIMINAR

Aparece aquí el segundo volumen dedicado a recoger los trabajos realizados por investigadores del Instituto de Filología de la Institución Milá y Fontanals del C.S.I.C., de la Universidad de Barcelona y de la Universidad Autónoma de Barcelona, en torno al tema *La Astronomía española en el siglo XIII y ciencias conexas con ella,*[1] subvencionado por la Comisión Asesora de Investigación Científica y Técnica. Con fondos procedentes de la ayuda asignada por la Comisión Asesora a uno de los centros antes citados se publica este libro, cuyo contenido se relaciona con otros trabajos aparecidos en revistas durante el año 1982.[2] Evidentemente, y a pesar del número de publicaciones realizadas por el equipo barcelonés, no hemos podido agotar el tema, aunque sí aclarar algunos aspectos del mismo. Si bien la subvención recibida se ha agotado y, por ello, nos resultará difícil seguir editando volúmenes como el presente o como el que le precedió, manifestamos nuestra intención de no dar por concluida esta investigación y seguir trabajando en el mismo tema con el propósito de poder dar una visión de conjunto de lo que significó la astronomía española en el siglo XIII.

Si en el volumen anterior predominaban las ediciones de textos, en éste, en cambio el lector encontrará fundamentalmente estudios. Acaba aquí la publicación del análisis realizado por Mercè Viladrich y Ramón Martí de los tratados hispánicos sobre astrolabio hasta el siglo XIII:[3] se han tenido en cuenta, prácticamente, todos los textos editados en torno al tema, única manera de realizar una aproximación al tratado alfonsí. Parece probable, hoy, que los libros alfonsíes sobre la construcción y uso del astrolabio constituyan una síntesis original, realizada por los colaboradores del

1. El primer volumen específicamente dedicado al tema fue *Textos y Estudios sobre Astronomía Española en el siglo XIII* (Barcelona, 1981), aunque algunos trabajos aparecieron en un tomo anterior titulado *Estudios sobre Historia de la Ciencia Árabe* (Barcelona, 1980).

2. Cf. los siguientes trabajos de J. SAMSÓ: *Dos colaboradores científicos musulmanes de Alfonso X,* «Llull» 4 (1981), 171-179; *Algunas observaciones al texto del Calendario de Córdoba* (con J. Martínez Gázquez) en «Al-Qanṭara» 2 (1981), 319-344; *¿Un nuevo dato sobre el* Zīŷ al-ṣafā'iḥ *de Abū Ŷaʿfar al-Jāzin?,* «Al-Qanṭara» 2 (1981), 461-464; *Astronomía en un tratado de cómputo del siglo XIII* (con J. Martínez Gázquez) en «Faventia» 4 (1982), 45-65; *Algunas notas sobre el léxico astronómico del tratado alfonsí sobre la esfera,* «Cuadernos de Traducción e Interpretación» 1 (1982), 93-97; *El tratado alfonsí sobre la esfera,* «Dynamis» 2 (1982), 57-73.

3. Cf. M. VILADRICH y R. MARTÍ: *En torno a los tratados hispánicos sobre construcción del astrolabio hasta el siglo XIII,* «Textos y Estudios...» cit. pp. 79-99; de los mismos autores, *Las tablas de climas en los tratados de astrolabio del manuscrito 225 del «scriptorium» de Ripoll,* «Llull» 4 (1981), 117-122.

Rey Alfonso, sobre la base de la tradición hispánica que les precedió, en la que ocupa una posición relevante la escuela de Maslama de Madrid. La influencia de esta escuela se advierte también en el libro alfonsí del *Ataçir (al-tasyīr)*, estudiado por los mismos autores conjuntamente con otras fuentes relativas al tema: este libro alfonsí es, también, obra original debida a Rabiçag y un indicio más del interés de D. Alfonso por ciertos temas astrológicos que le debían interesar profundamente, como lo prueba el hecho de haber encargado a D. Moshé la adición de un capítulo sobre el *Ataçir* a la traducción del Libro de la *Alcora*. Con este trabajo se abre un tema prácticamente inédito: el de la astrología matemática en la obra de Alfonso X.

Publicamos, también aquí, los primeros resultados (debidos a J. Samsó y E. Millás) de nuestro análisis de los ecuatorios alfonsíes: el de Ibn al-Samḥ aporta alguna luz sobre el origen de este tipo de instrumentos en España mientras que el de Azarquiel puede, quizás, aproximarnos a la recuperación de algunos materiales perdidos de las célebres *Tablas de Toledo*. El estudio, iniciado este año, de los materiales científicos conservados en la *Iḥāṭa* de Ibn al-Jaṭīb empieza a dar sus primeros frutos al poder documentar, por primera vez, la introducción del astrolabio lineal o bastón de al-Ṭūsī en España, precisamente en el siglo XIII (R. Puig).

El análisis de los valores numéricos aparecidos en la versión latina del siglo XIII del *Calendario de Córdoba* [4] nos lleva a otro tema distinto: el de la astronomía religiosa o *mīqāt* sobre cuyo cultivo en la España Musulmana apenas sabemos nada. El trabajo de J. Samsó aporta alguna luz sobre técnicas muy antiguas, posiblemente de origen indio, que se debieron introducir muy tempranamente en al-Andalus. El mismo autor edita y traduce aquí el texto astrológico hispanoárabe más antiguo conocido: los treinta y nueve versos conservados de la archuza de al-Ḍabbī (fl. c. 800), que constituyen una antiquísima versión de un capítulo del *Libro de las Cruzes* alfonsí. El poder datar en fecha tan temprana los orígenes de esta obra de D. Alfonso planteaba graves problemas. ¿Cómo podían levantar horóscopos los astrólogos hispanoárabes hacia el año 800 si no disponían de tablas astronómicas que les permitieran computar posiciones planetarias?: esto dio lugar a algunos trabajos en los que se rastreaban, en tratados de cómputo latinos, métodos de cálculo rudimentarios que permitían calcular la longitud media de un planeta o del Sol. Dos artículos de F. Castelló y J. Samsó demuestran que técnicas muy similares fueron conocidas por la tradición árabe.

JUAN VERNET

4. Cf. J. MARTÍNEZ GÁZQUEZ y J. SAMSÓ: *Una nueva traducción latina del Calendario de Córdoba (siglo XIII)* en «Textos y Estudios...», pp. 9-78.

EN TORNO A LOS TRATADOS DE USO DEL ASTROLABIO HASTA EL SIGLO XIII EN AL-ANDALUS, LA MARCA HISPÁNICA Y CASTILLA

RAMON MARTÍ Y MERCÈ VILADRICH

1. INTRODUCCIÓN

Hace aproximadamente un año publicamos un trabajo [1] donde se analizaban las primeras traducciones de textos de construcción de astrolabio del árabe al latín, que se realizaron en la Marca Hispánica en la segunda mitad del siglo X, y la tradición relativa a este tema que se desarrolla hasta culminar en el *Libro de Astrolabio Llano* de Alfonso X el Sabio. En el transcurso de este tiempo hemos ampliado nuestro objetivo a los tratados de uso de este instrumento astronómico que acompañan a los de construcción y nos disponemos a hacer públicos los resultados. Incluimos a continuación una lista de los textos de uso a los que nos referiremos, con las denominaciones que recibirán a lo largo del estudio:

1. Manuscrito 225 del *Scriptorium* de Ripoll.

— El texto de uso de astrolabio, traducción directa del árabe que siguiendo a Millàs Vallicrosa [2] denominaremos J' y del que utilizaremos los siguientes *Incipits* establecidos por su editor:

A) *Incipiunt astrolabii sententiae.*

1. M. VILADRICH y R. MARTÍ: *En torno a los tratados hispánicos sobre construcción de astrolabio hasta el siglo XIII.* «Textos y estudios sobre astronomía española en el siglo XIII» (Barcelona, 1981), 79-99.

2. J. M.ª MILLÀS VALLICROSA: *Assaig d'Història de les idees Físiques i Matemàtiques a la Catalunya Medieval,* Barcelona, 1931, 275-293.

B) *Incipit de nominibus laborum laboratorum in ipsa tabulae.*

C) *Incipiunt capitula orologii regis Ptolomei.*

E) *Capítulos relativos a uso del astrolabio planisférico que en los manuscritos aparecen relacionados con los textos J' y J'a.*

2. El texto *De operatione vel utilitate astrolabii* editado por R. T. Gunther,[3] que llamamos Pseudo-Māšāllāh 1 u, de uso.

3. El *Tratado sobre uso del astrolabio planisférico de Maslama al-Maŷrīṭī de Córdoba en la traducción latina de Johannes Hispanus* (perdido el original árabe),[4] que en adelante se llamará Pseudo-Maslama. Recordemos que este texto latino corresponde casi íntegramente al texto árabe de Ibn al-Ṣaffār sobre uso de astrolabio.

4. El texto *Kitāb al-ᶜamal bi-l-asṭurlāb* traducido al catalán por Millàs Vallicrosa.[5] A este texto nos referiremos como propio de Ibn al-Ṣaffār.

5. El texto *De forma astrolabii* de Abraham ben ᶜEzra [6] que, siguiendo a Millàs Vallicrosa, consideramos propio de este autor.

6. El segundo *Libro de Astrolabio Llano* de los *Libros del Saber de Astronomía* de Alfonso X el Sabio.[7]

Como aportaciones al estudio de estas fuentes señalemos brevemente que Millàs Vallicrosa indicó que el texto J' es una traducción directa del árabe de un original desconocido, suponiendo que pudiera tratarse de la obra de Māšāllāh. El tratado Pseudo-Māšāllāh 1 u ha sido considerado por P. Kunitzsch [8] una elaboración occidental hecha sobre una traducción latina de Johannes Hispanus del tratado de Ibn al-Ṣaffār. Por otra parte, J. Samsó identificó tres manuscritos conservados en Túnez como relacionados con el tratado de Ibn al-Ṣaffār,[9] «qui montren soit l'existence d'une pluralité de

3. R. T. GUNTHER: *Early Science in Oxford,* vol. V, *Chaucer and Messallah on the astrolabe,* Oxford, 1929, 195-231. Reiteramos nuestro agradecimiento a John North por el envío a Barcelona de fotocopias de este tratado.

4. J. M.ª MILLÀS VALLICROSA: *Las Traducciones Orientales en los Manuscritos de la Biblioteca Catedral de Toledo,* Madrid, 1942, 261-84.

5. Editado por J. M.ª MILLÀS VALLICROSA en «Revista del Instituto Egipcio de Estudios Islámicos» (Madrid) 3 (1955), 35-76. Traducido al catalán en *Assaig,* 29-48.

6. J. M.ª MILLÀS VALLICROSA: *Un nuevo tratado de astrolabio de R. Abraham ibn ᶜEzra,* «Al-Andalus» V (1940), 1-29.

7. RICO y SINOBAS: *Libros del Saber de Astronomía,* vol. II (Madrid, 1863), 253-292. Existe una nueva edición en microfichas: LL. KASTEN y J. NITTI: *Concordances and texts of the Royal Scriptorium Manuscripts of Alfonso X el Sabio,* Madison 1978.

8. P. KUNITZSCH: *On the authenticity of the treatise on the composition and use of the astrolabe ascribed to Messahalla,* «A.H.I.S.» 31, 1981, 42-62.

9. J. SAMSÓ: *À propós de quelques manuscripts astronomiques des Bibliothè-*

versions de cette oeuvre, soit le fait que, à cause de sa popularité même, elle a été serieusement remaniée, résumée et élargie, par la tradition postérieure».[10]

La columna vertebral de la investigación a desarrollar seguirá de cerca la estructura por capítulos del *Libro de Astrolabio Llano* alfonsí. Paralelamente analizaremos cada uno de los otros textos.

2. La terminología del astrolabio en los capítulos de descripción

Frecuentemente los tratados de uso de astrolabio se inician con una descripción del instrumento. El tratado de Alfonso X el Sabio dedica los primeros cinco capítulos a esta cuestión.

El primero de ellos —*Del colgadero et de la madre*[11]— describe el *colgadero,* aparato suspensorio que consta de tres partes, dos armellas que denomina *alhelca (al-ḥalqa)* o *alhilaca (al-ᶜilāqa)*[12] i *alharaua (al-ᶜurwa)* y una pieza con la que se une al astrolabio llamada *alcurçi (al-kursī)*. El *colgadero* va unido a la *madre* que es el disco que da cuerpo al instrumento y alrededor del cual se encuentra la *alhogra (al-ḥaŷra),* círculo exterior graduado en 360° al que se refiere también como *cérculo drecho.* No todos los tratados presentan una descripción tan minuciosa de esta parte del instrumento.

En el ms. 225 de Ripoll, *Incipit* B del texto J', aparecen las expresiones *alheilcha / elahilacha, ahilca, alcurci, alhoguiza, alnogiza* y *matre*[13] en una descripción completa como la alfonsí; el capítulo *De anulo rotae* del tratado h''' se refiere a este aparato suspensorio sin denominar sus piezas.[14] El Pseudo-Māšāllāh 1 u da las expresiones *alhahucia, alhabor* y *mater.*[15] En el Pseudo-Maslama, versión latina de Ibn al-Ṣaffār se encuentra la expresión

ques de Tunis: contribution à un étude de l'astrolabe dans l'Espagne Musulmane, «Actas del II Coloquio Hispano-Tunecino de Estudios Históricos» (Madrid-Barcelona, 1972), 171-190.

10. J. SAMSÓ: *À propós...,* 175.
11. *Libros* II, 261.
12. Sobre las variantes de esta palabra J. SAMSÓ y J. FÓRNEAS: *Dos notas en torno al problema de la presunta diptongación levantina en árabe hispánico,* «Al-Qanṭara» I (1980), 69.
13. *Assaig,* 277-79.
14. *Assaig,* 309.
15. *Assaig,* 217.

alorwat.[16] Abraham ben ᶜEzra se refiere a las dos anillas añadiendo que los árabes las denominan *alilac.*[17]

El capítulo II —*De la red et de las cosas que están en ella*— trata de la lámina recortada que por su forma se denomina *red* / *axabeca (al-šabaka)* o *aranna* / *alhancabut (alᶜankabūt)*. Esta lámina representa la proyección de la eclíptica dividida en los doce signos del zodíaco: *meridionales* los que se encuentran por debajo del ecuador y *septentrionales* los otros. Se refiere a que los septentrionales van desde Aries hasta el fin de Piscis. Según indica Rico y Sinobas, en el manuscrito empleado para su edición existe una nota al margen en letra «antigua», donde se identifica el círculo del zodíaco con el *orbe de los signos* / *feletal boios (falak al-burūŷ)*.

El texto J', *Incipit* B, se refiere a la red *(rete)* como *alhanicabut* / *banicabut* / *hanicabut,* donde se encuentra el círculo del zodíaco dividido en doce signos *(XII numerum casarum),* confundiendo el concepto de casa zodiacal con el de signo; señala que el zodíaco está dividido en dos arcos: el más pequeño desde *alhameri* / *halmei (Ḥamal),* es decir, desde Aries, hasta *alzubule (al-Sunbula):* la «Spica Virginis»; el mayor de *capite libre usque ad postremitatem piscis* / *avvilalmizeni iligair alhaut (awwal al-mīzān ilā āǰir al-ḥūt).*[18] También clasifica las estrellas fijas en septentrionales *ascemellie (al-šamāliyya)* y meridionales *algenubie (al-ŷanūbiyya)* y señala que el *almeri* se encuentra en el principio de Capricornio.

El texto Pseudo-Māšāllāh 1 u distingue entre los signos septentrionales y meridionales. Alude al *almuri* / *ostensor.*[19] Ibn al-Ṣaffār cita la araña o red como *ᶜankabūt* y se repite la distinción alfonsí entre signos septentrionales y meridionales. Alude al *al-murī.*[20] El texto Pseudo-Maslama repite a Ibn al-Ṣaffār íntegramente.[21]

El capítulo III —*De las sennales que son en cada una de las tablas*— se refiere a la proyección de los almicantarats en distintas progresiones. Nombra al zenit del horizonte como *cientarraz (samt al-ra's)* o *punto de XC.* Cita los *açimut* o círculos verticales, las líneas de las horas temporales, los círculos del ecuador y los trópicos. Estos círculos están atravesados por dos diámetros ortogonales que señalan los cuatro puntos cardinales. El diámetro

16. *Las Traducciones...,* 263. En adelante indicaremos sólo la página, sin hacer referencia a la edición.
17. Pág. 12.
18. Sobre esta transliteración J. SAMSÓ y J. M.ª FÓRNEAS: *...diptongación levantina...,* 67.
19. Pág. 217.
20. Pág. 30.
21. Págs. 263-64.

horizontal determina Oriente y Occidente y se llama *linna dell yquador.* El vertical señala Norte y Sur, su radio superior es la *linna de medio dia* y el inferior *linna de azael (al-zawāl) / linna de media noche / angulo de la tierra.*

El *Incipit* B del texto J' trata de la proyección de almicantarats y se refiere a las distintas denominaciones del astrolabio según la proyección de estos círculos. Alude a las líneas de las horas temporales *hototalzacaph (juṭūṭ al-saᶜāt) / linee horarum;* a los radios de los círculos de Capricornio, Ecuador y Cáncer, este último llamado *degira (ṣagīra): chatevez* o *chatezevvel (jaṭṭ al-zawāl),* o sea línea de mediodía y *vatialzeme (wasṭ o wasaṭ al-samā'),* línea meridiana. Los diámetros se cortan en el punto *merke (markaz)* o centro.

El texto Pseudo-Māšāllāh 1 u describe los *almucantherath,* el horizonte, la *linea medii celi* —también *angulus terre et medie noctis*— y la *linia meridie.*[22]

El *Kitāb al-ᶜamal* de Ibn al-Ṣaffār menciona los almicantarats, el *samt al raʾs* —*sunt alraz* en la versión latina Pseudo-Maslama— los acimutes, las líneas de las horas, la línea meridiana o línea de *al-zawal* y la línea de media noche o línea del pivote o ángulo de la tierra llamada también línea de *al-zawal.*[23] El texto Pseudo-Maslama incluye además la expresión *linia recessionis* para referirse a la línea de medianoche.[24] El tratado de Abraham ben ᶜEzra menciona la proyección de almicantarats, los acimuts, las líneas de las horas temporales y las del *medii celi* y *equalis terre.*[25]

El capítulo IV —*De las espaldas del astrolabio*— describe los dos diámetros perpendiculares que dividen el dorso del astrolabio en cuatro partes llamadas *quarto de la altura* (la superior de la parte de Oriente) y *quarto de la sombra* (su simétrica inferior). Esta última contiene las *linnas de la altura* divididas en doce *dedos de la sombra.*

Se describe un calendario zodiacal que consta de un círculo exterior graduado en 360° con los doce signos del zodíaco. Excéntrico a éste se encuentra otro círculo con 365 divisiones que corresponden a los días del año, agrupados en meses. Se indica que con estos dos círculos se puede conocer el grado del sol sin necesidad de tablas. Ambos círculos se denominan *cerco del sol.*

El *Incipit* B del texto J' indica que en el dorso del astrolabio se en-

22. Pág. 263.
23. Págs. 29-30.
24. Pág. 263.
25. Págs. 10-11.

cuentran la *particula altitudinis,* el *quadratus umbre* y el *circulus solis* con los grados del zodíaco y los días del año para calcular el *gradum solis / altarica (al-ṭarīq)* o camino (del sol).[26]

El Pseudo-Māšāllāh 1 u nos informa de que en el dorso del astrolabio se encuentran los círculos de los días y de los grados del sol y los cuadrantes divididos en doce *puncta.*[27] También el texto de Ibn al-Ṣaffār alude a los dos círculos del sol y de los meses y al cuadrante de sombras dividido en dígitos.

El capítulo V —*De las partes dell astrolabio que fincaron por nombrar*— describe en primer lugar el sistema que sirve para fijar la madre, las láminas, la red y la alidada. Consta de un clavo *almehuar (al-miḥwār)* que se fija a una pieza más o menos decorada —*cavallet*— que generalmente presenta la forma de caballo como indica su nombre. A continuación se refiere a la *alhidada (al-ʿiḍāda)* del dorso del astrolabio, en los extremos de la cual se encuentran las *axatabas (al-šaṭba).*

La segunda *armella* se fija a la *siella* mediante el *clauo.* A continuación nos habla de las líneas que señalan las horas de oración musulmana: la de la parte Oriental *heat toloh alfegr (jaṭṭ ṭulūʿ al-faŷr)* o *linna del subimiento de la claridat del sol;* la Occidental *heat maquip axafac (jaṭṭ magīb al-šafaq)* y *linna del ponimiento de la claridat del sol.*[28] También la *ochena* o hora de *adohar (al-ẓuhr),* la *dezena* o de *alhaçar (al-ʿaṣr)* y la *onzena* que señala el fin del *alhaçar.*[29]

Sigue una expresión que queremos destacar: *et algunos de los xpianos ponen estas linnas en sus astrolábios pora saber quándo comiença la claridat del sol et quándo se pone.*[30] Tal vez sea esto un reflejo de cómo el interés cristiano por la ciencia árabe les lleva a asumir aspectos de la religión musulmana: en cualquier caso, no se practica ningún tipo de censura.

Volviendo a la terminología del astrolabio, el *Incipit* B del texto J' presenta las expresiones *alalmizmar / almuzamar / almutmar (al-mismār), aludada / ahildada / ahyldada (al-ʿiḍāda), alfarat (al-faras).* Precisa la existencia de las líneas *chat (jaṭṭ)* que señalan los momentos de oración *haldoar* y *algazar.*

26. Pág. 279.
27. Págs. 217-18.
28. Existe un error en el texto, pues se indica que ambas líneas se encuentran en la parte de poniente. Frecuentemente corresponde a un almicantarat -18° no representado en la lámina.
29. Sobre el trazado de las líneas de las horas de oración AL-BĪRŪNĪ, ed. E. S. KENNEDY: *The Exhaustive Treatise on Shadows,* Aleppo, 1976, vol. I, 231-44.
30. Pág. 264.

El capítulo *De scamnellis* del texto h''' aporta las expresiones *scamnellum, palella* y *tecuba* como sinónimos de alidada. En otros capítulos —*De foraminibus tecube (tuqba)* y *De clavo infra quem consistit ecqus*— describe las *sacata,* el clavo y el *cavallet* detalladamente.[31] El Pseudo-Māšāllāh 1 u cita el *almenath* y el *alphaeraz, id est, ecquus* aludiendo también a las horas y las líneas de la aurora y el crepúsculo. El *Kitāb al-ᶜamal* de Ibn al-Ṣaffār cita las líneas de las oraciones: *ẓuhr, ᶜaṣr* y después del *ᶜaṣr,* la «subida de alba» y el «ocultamiento del crepúsculo».[32]

3. Cómo conocer el grado del sol

Conocer el grado del sol en un día determinado del año significa saber en qué grado de la eclíptica se encontrará el sol y, por tanto, poder determinar qué paralelo de declinación describirá en aquel día sobre la esfera. Resolver esta cuestión, para un día determinado, es fundamental para realizar muchas operaciones con el astrolabio.

El texto de Alfonso X el Sabio proporciona dos sistemas para conocer el grado del sol. El primero, descrito en el capítulo VIII —*De saber en qual signo es el sol et en quantos grados es en aquel signo* [33]— se basa en la utilización directa del calendario zodiacal que se encuentra en el dorso del instrumento. Situando la alidada en el día que nos interesa, ésta señala directamente el grado del sol sobre su círculo.

El *Incipit* C del texto J' contiene el capítulo *Titulus de scientia solis de casa sua per singulos dies totius anni,* que se ocupa de la determinación del grado del sol de un día cualquiera del año mediante una regla práctica.[34] Brevemente, se trata de saber en qué mes nos encontramos y cuántos días han pasado de este mes. Al número de días transcurridos se le suma 15

31. Pág. 310.
32. Pág. 30.
33. Pág. 266.
34. Pág. 282. Sistemas de esta sencillez, presentados en tablas o en diagramas, eran bien conocidos en los tratados de cómputo hispánicos desde época bastante antigua, cf. J. SAMSÓ: *Alfonso X y los orígenes de la astrología Hispánica,* «Estudios sobre Historia de la Ciencia Árabe» (Barcelona, 1981), 83-114. Por otra parte, al final del libro alfonsí (págs. 291-92) se encuentra una tabla a la que se hace referencia en el capítulo IX —*De saber en qual signo es el sol et en quantos grados es en aquel signo*— que pone directamente en relación las fechas de los meses cristianos con el grado del sol correspondiente a cada día.

y se obtiene una cifra «x». Sabemos además en que signo ha empezado el mes. Si «x»$<$30 esta cantidad corresponde al grado del signo en que ha empezado el mes. En caso contrario («x»$\geq$30) la cantidad en que «x» excede a 30 corresponde en grados al signo en que acabará el mes. El texto da un ejemplo: si quieres conocer el grado del sol cuando han pasado veinte días de abril le sumas quince y obtienes treinta y cinco, obteniendo, por tanto, 5° de Tauro. En consecuencia, el equinoccio de primavera *(capite carnarii)* [35] se habrá producido, aproximadamente, alrededor del 16 de marzo. Conociendo la fecha del equinoccio de primavera se puede saber aproximadamente la época en que se enunció la regla. A tal efecto aplicamos la fórmula siguiente:

$$f = 10{,}5 \text{ días} + \frac{1582 - a}{128{,}5}$$ [36]

donde «f» es la fecha del equinoccio y «a» la incógnita. Si $f=16$, $a=875{,}25$. Esto nos sitúa aproximadamente la redacción del tratado hacia finales del siglo IX.

Nuestro capítulo sigue aludiendo al calendario zodiacal del dorso del astrolabio, donde se calcula el grado del sol mediante el *almeri ahildade.* Repite de nuevo el ejemplo para el día 20 de abril y utiliza el término casa *(kase),* para designar el signo zodiacal.[37]

El capítulo X —*De saber quál es el grado del sol en la red et en qual es ell opposito dél*— parte del previo conocimiento del grado del sol con uno de los dos métodos descritos. Conocido el grado del sol debemos señalarlo sobre la red para empezar a operar con el astrolabio. Lógicamente el opuesto se encuentra a 180° de distancia, sobre la eclíptica, del grado del sol. Del mismo problema se ocupa el *De gradu solis inveniendo capitulum* del texto Pseudo-Māšāllāh 1 u que se refiere también a la utilización del calendario zodiacal. Para nombrar el opuesto del grado del sol utiliza la expresión *nadayz* que corresponde a *naẓīr.*

35. Esta terminología es poco frecuente en la Marca Hispánica. El término a utilizar habría sido «multó». BASTARDES I PARERA: *Glosarium Medias Latinitatis Cataloniae. Voces Latinas y romances documentadas en fuentes catalanas del año 800 al 1100,* Barcelona, 1962 y ss. Ver «carnarius», 409-10.

36. F. GARCÍA FRANCO: *Catálogo crítico de astrolabios existentes en España,* Madrid, 1945.

37. *Assaig,* págs. 282, 284, 285, 287, 264 y 269.

4. La altura del sol y las estrellas fijas

Como informan los capítulos XIII —*De saber tomar la altura del sol*— y XIV —*De saber tomar la altura de las estrellas et del sol otrossí*[38]— para conocer la altura del sol sobre el horizonte en un momento determinado del día se dirige la alidada del dorso del astrolabio hacia el sol de forma que sus rayos atraviesen las pínulas de los extremos de la alidada. Así la alidada señalará la altura del sol en un cuadrante sobre los grados del círculo exterior. De forma análoga procederemos con las estrellas, pero esta vez podremos mirar a través de las pínulas puesto que su luz no molestará a nuestros ojos. Podremos utilizar también este sistema para el sol cuando el cielo esté cubierto. El texto precisa que el astrolabio permanece colgado de nuestra mano derecha mientras movemos la alidada con la izquierda.

El *Incipit* C del texto J' se ocupa también de esta cuestión en dos capítulos —*Beberti Faaschemz, id est titulus apprehensione altitudinis solis (Bāb irtifāᶜ al-šams)* y *Titulus de apprehensione erzifa alkvvechib et hebita (irtifāᶜ al-kawākib al-ṯābita)*[39]— que establecen la diferencia entre los dos sistemas de operación según se trate del sol o de las estrellas. Esta sencilla operación se resuelve también en los capítulos *De altitudine solis et stellarum fixarum invenienda capitulum* del texto Pseudo-Māšāllāh 1 u, en el *in acceptione altitudinis solis in die et altitudinis stellarum fixarum in nocte et cetera* del Pseudo-Maslama, o versión latina de Ibn al-Ṣaffār, y en parte del capítulo *De opere astrolabii ad Astronomiam* del texto de Abraham ben ᶜEzra.[40]

Por otra parte si procedemos, como indica el capítulo XXVII —*De saber la altura del sol en medio dia et la mayor altura que puede auer en esse dia*— de Alfonso X el Sabio,[41] a colocar el grado del sol de un día cualquiera sobre la línea meridiana del astrolabio podemos conocer, mediante los almicantarats, la máxima altura del sol en aquel día. Análogamente, si interesa la máxima altura sobre el horizonte de una estrella, procederemos situando el punto de la red que representa la proyección de esa estrella sobre la línea meridiana de nuestro horizonte y mediremos su altura con los almicantarats, como explica el capítulo XXXVIII —*De saber la mayor altura que puede auer qual estrella quisieres*— y el *De altitudine solis in meridie*

38. Págs. 267-68 y 280-81.
39. Págs. 280-81.
40. Pág. 218; pág. 265; pág. 11, respectivamente.
41. Págs. 274-75.

habendo capitulum para el sol y las estrellas del Pseudo-Māšāllāh 1 u.[42]

Más adelante, en el capítulo XLII —*De saber la altura del sol et de la luna et de las cinco planetas et de las estrellas fixas si es á parte de orient ó de occident* [43]— se explica cómo saber si la altura es oriental u occidental. Esta duda se puede presentar cuando el sol o una estrella se encuentran próximas a su paso por el meridiano, a adquirir, por tanto, la máxima altura sobre el horizonte. Conviene, pues, hacer una medición y transcurridos unos momentos otra. Lógicamente si la segunda altura es superior a la primera, la altura es oriental; si al contrario, occidental. Incluso se puede calcular la altura del sol si se sabe cuantas horas iguales del día han transcurrido, es decir, *sabiendo quántos grados son passados del cerco drecho,* como indica el capítulo XL del *Libro de Astrolabio Llano.*[44] A este efecto se sitúa el grado del sol en el horizonte oriental. Así el astrolabio reproduce la situación de la esfera celeste en el momento en que el disco solar se ha hecho visible aquel día. Conocemos el número de horas iguales (1 hora = = 15° ecuatoriales) transcurridas desde que se ha producido este fenómeno. Se hace «avanzar» al sol moviendo la red los grados que corresponden al tiempo transcurrido. El grado del sol subirá sobre el horizonte y mediante los almicantarats conoceremos su altura.

5. El astrolabio como reloj

Dado que el astrolabio se basa en la proyección estereográfica de las estrellas fijas y de las sucesivas posiciones del sol a lo largo del año sobre la eclíptica, puede ser utilizado para representar los movimientos de los astros inscritos, midiendo su duración ya sea por debajo o por encima de un horizonte determinado. Conjugando la observación de las posiciones de los astros y su aplicación sobre este instrumento, se obtiene una representación gráfica mesurable de los movimientos diurnos de la esfera celeste, por tanto, en última instancia, se dispone de un verdadero reloj.

5.1. *Arco diurno y arco nocturno*

El grado del sol correspondiente a un día determinado recorre un arco de su paralelo de declinación desde el momento en que cruza el horizonte

42. Pág. 279; pág. 220, respectivamente.
43. Pág. 280.
44. Pág. 280.

oriental hasta llegar al occidental. Este es el arco del día y sobre el astrolabio se mide en coordenadas ecuatoriales mediante el *elmuri*.

Los capítulos XX y XXI del tratado alfonsí[45] se ocupan del procedimiento para medir *el archo del dia et de la noche*. Nos proporcionan dos sistemas:

A) Para calcular el arco diurno se sitúa el grado del sol de un día determinado sobre el horizonte oriental y en esta posición se hace una señal en la *alhogra, a,* donde esté el *elmuri;* se mueve la araña en el sentido de las agujas del reloj mientras el grado del sol se desplaza sobre los almicantarats hasta llegar a la línea del horizonte occidental, en esta posición se hace una segunda señal en la *alhogra* donde esté el *elmuri, b,* y los grados que separan las dos señales dan el valor del *archo del dia, ab.* Para calcular el arco nocturno empleamos el mismo procedimiento, pero utilizando el *oppósito del grado del sol,* desplazándolo desde el horizonte oriental hasta el occidental y señalando los puntos *cd*. Conocido uno de los dos arcos podemos deducir el otro porque su suma es un círculo completo:

> ...«et esto es porque los dos archos del dia et de la noche son siempre amos CCC et LX grados»...

es decir: $ab + cd = 360°$.

B) En la fig. n.° 1 situamos el grado del sol sobre el horizonte oriental y practicamos la señal *a* con el *elmuri;* movemos el grado del sol hasta la línea recta que señala el oriente en el astrolabio (ew) *(la linna dell yguador de parte de orient)* y se practica otra señal *e* con el *elmuri;* conocido este arco *ae,* se obtienen el valor del arco del día aplicando la fórmula:

$$\text{arco del día} = 180° \ (\pm) \ 2\ ae$$

(+) si el grado del sol se encuentra en un signo septentrional;
(—) si el grado del sol se encuentra en un signo meridional.

Para obtener el arco nocturno se emplea la misma fórmula, pero permutando el uso del signo (±), dado que:

$$(180° + 2\ ae) + (180° - 2\ ae) = 360°$$

El manuscrito 225 de Ripoll es el que presenta un mayor paralelismo con el alfonsí. El *Incipit* C del texto J' de Ripoll describe en dos capítulos el procedimiento *A* completo del *Libro de Astrolabio Llano.*[46]

45. Págs. 271-72.
46. *Titulus de scientia arcus diei* y *De arcum noctis,* págs. 283-84.

En los textos Pseudo-Māšāllāh 1 u, Pseudo-Maslama [47] se encuentra el cálculo del arco diurno idéntico al procedimiento *A* y el arco nocturno es su complementario con respecto a 360°. El Pseudo-Maslama añade que el arco nocturno puede calcularse poniendo el grado del sol sobre el horizonte occidental y desplazándolo hasta el horizonte oriental por encima de las líneas horarias.

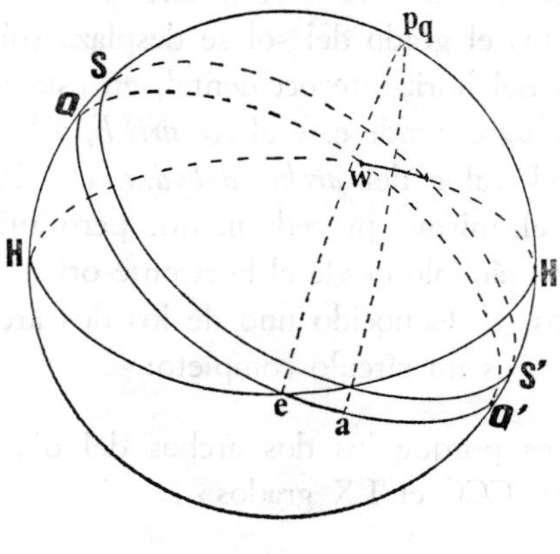

Fig. 1

Por otra parte el capítulo XXXVII del tratado alfonsí indica que mediante el procedimiento *A* puede conocerse el arco del día de una estrella representada en la araña para una determinada latitud *(ladeza)* y que:

> ...«lo que fincare pora complimiento de CCC el LX grados serà ell archo de la noche dessa estrella en aquella villa» (pág. 279).

Idénticas referencias se encuentran, más o menos elaboradas, en Pseudo-Māšāllāh 1 u, Ibn al-Ṣaffār, Pseudo-Maslama y Abraham ben ʿEzra.[48]

5.2. *Horas temporales y horas iguales*

Las horas llamadas *temporales (al-zamāniyya)* en el *Libro de Astrolabio Llano* [49] son las que resultan de dividir en doce partes iguales el tiempo

47. Pág. 219; págs. 267-68; pág. 33.
48. Pág. 219; pág. 33; pág. 268; págs. 20-21.
49. Cap. XXII, pág. 272.

transcurrido entre el orto y el ocaso del sol o al revés, es decir, el arco diurno o el arco nocturno; así las horas temporales del día no tienen la misma duración que las de la noche, excepto en los equinoccios.

> «Et son siempre XII en el dia et XII en la noche si quier sean pequennas si quier grandes.»

Las horas *eguales et rectificadas (mustawiya)* resultan de dividir el día astronómico completo (de mediodía a mediodía) en veinticuatro partes iguales.

> «et departese en el cuento ca en un dia aura dellas mas de doze et en otro dia menos. Et otrossi en las noches» (cap. XXII).

$$\text{Así una hora } \textit{egual} = \frac{360^\circ \text{ del círculo de declinación}}{24 \text{ horas}} = 15^\circ$$

que es el valor angular que debe moverse el *elmuri* sobre la *alhogra* para representar el movimiento celeste durante una hora igual. Si conocemos el arco del día o de la noche, sabremos el número de horas iguales que contiene dividiéndolo por 15°,

$$\frac{\text{arco del día / arco de la noche}}{15^\circ} = \text{horas iguales del día / horas iguales de la noche}$$

Para obtener el valor angular de las *partes* de las horas temporales de un día determinado el *Libro de Astrolabio Llano,* describe dos métodos:

A) Situado el *oppósito* del grado del sol sobre el horizonte occidental, se mueve hasta que llegue a la línea que señala el fin de la hora primera, el arco descrito por el *elmuri* sobre la *alhogra* graduada serán los grados de una hora temporal nocturna.[50]

B) El capítulo XXIV muestra cómo obtener las horas desiguales o *temporales.* Si se divide el arco del día o de la noche en doce obtendremos las *partes* de sus horas temporales.

$$\text{hora } \textit{temporal} = \frac{\text{arco diurno / arco nocturno}}{12}$$

50. Caps. XI y XII; pág. 267.

Dado que la suma del arco diurno y el nocturno es un círculo completo tendremos que:

360º = 12 horas *temporales* nocturnas + 12 horas *temporales* diurnas

y, por tanto,

30º = 1 hora *temporal* nocturna + 1 hora *temporal* diurna,

de donde se puede deducir el valor de unas, conocidas las otras.[51]

Los capítulos XXV y XXVI del texto alfonsí describen métodos prácticos para la conversión de horas iguales en *temporales* y viceversa.[52] Si se quiere pasar de horas *temporales* a iguales conviene situar el grado del sol o su *oppósito,* según sean horas nocturnas o diurnas, sobre el horizonte occidental; se practicará una señal con el *elmuri* y se moverá la araña hasta que el grado del sol (o su *oppósito*) lleguen a la línea horaria que señala el número de horas que deseamos transformar; el arco que ha recorrido el *elmuri* dividido por 15º (hora igual) da el resultado de la transformación en horas iguales. Para convertir horas iguales en *temporales* se parte de la misma posición inicial y el número de horas iguales a transformar lo tomamos de 15º en 15º sobre la *alhogra* mediante el *elmuri;* finalmente, la línea horaria sobre la que caiga el grado del sol, o su opuesto, nos da el resultado del cálculo en horas temporales.

El *Incipit* C del texto J' para designar las horas temporales utiliza la terminología *temporales* / *ezemenie (al-zamāniyya)* / *tortas* (*muᶜawwaŷa,* es decir, curvas) / *indirectas.* En oposición a estos conceptos utiliza, para designar las horas iguales, *equales* / *muzteuuihe* (*mustawiya,* es decir, iguales) / *rectas.*[53] La terminología *rectas* y *tortas* para horas iguales y desiguales corresponde a la realidad física de las líneas horarias sobre el astrolabio, las primeras son rectas y las otras curvas.[54]

El propio texto J' explica los dos procedimientos A y B expuestos en el *Libro de Astrolabio Llano* para calcular el valor angular de las horas

51. Cap. XXIV; pág. 273.
52. Págs. 273-74.
53. Caps. *Qualiter scias rectas horas diei* y *Quomodo turnas horas rectas ad horas tortas,* págs. 284-85.
54. Así lo señala J. SAMSÓ en *Estudios sobre Abu Naṣr Manṣūr b. ᶜAlī b. ᶜIrāq,* Barcelona, 1969, 85, not. 79, y también H. MICHEL: *Traité de l'Astrolabe,* París, 1947, 56-57.

desiguales del día y de la noche.[55] Se refiere también a que dividiendo el arco diurno o el nocturno por 15° obtendremos el número de sus horas iguales.[56]

También en el manuscrito 225 de Ripoll encontramos los métodos prácticos descritos en el texto alfonsí para transformar horas desiguales en iguales y al revés con la ayuda del astrolabio.[57] Conviene destacar que contiene dos capítulos más para hacer la conversión de unas horas en otras sin utilizar el astrolabio, haciendo cálculos aparte. Da dos ejemplos de conversión y en ambos utiliza arcos de 19° para las horas desiguales. Por tanto, el arco diurno = 19° × 12 = 228°, de donde 228° / 15° = 15,2 horas iguales. El texto señala que, para el clima VI —hasta la latitud de 45; 1°—, la duración del arco del día es de 15,5 horas iguales el día del solsticio de verano; si consideramos que la Marca Hispánica se encuentra en el clima VI [58] podemos suponer que los ejemplos citados, donde las horas temporales tienen 19°, corresponden al valor de las horas desiguales en los solsticios en la Marca Hispánica. Así estos dos capítulos pueden considerarse como prácticas realizadas por el propio traductor del tratado árabe.[59]

55. Caps.: *Titulus de ezmen* (*azmān* = tiempo); *Titulus de scientia temporis horarum noctium,* pág. 283.

56. Pág. 284.

57. Págs. 285-86.

58. Latitud de Barcelona, 41;23,20°; Vic, 41;56,10°; Ripoll, 42;12°.

59. Los ejemplos de transformación de horas que da el manuscrito considerando 1 hora desigual = 19° son los siguientes:

A) ...«et da unicuique hore X et VIIII ordines, et uidebis quot hore torte fiunt inde et quid remanet. Verbi gratia, accipe ordinem unius hore recte, id est X et V, et multiplica per IIII horas et dices, quater XV fiunt LX; ipsi sunt ordines IIII horarum rectarum; hos partire per IIII horas rectas secundum ordines tortarum horarum, et fiunt de quattuor horis rectis III hore torte et quarta dimidia; et quarte hore recte pars quinta».

O sea, 4 horas iguales = 60°.

$$\frac{60^\circ}{19} = 3 \text{ horas desiguales} + 3^\circ$$

Tenemos que:

$$\textit{quarta dimidia [hore torte]} = \frac{1}{4} \cdot \frac{1}{2} \cdot 19^\circ$$

$$\textit{quarte hore recte pars quinta} = \frac{1}{5} \cdot \frac{1}{4} \cdot 15^\circ$$

$$\frac{19^\circ}{8} + \frac{15^\circ}{20} = \frac{19^\circ \times 20 + 15^\circ \times 8}{160} = \frac{380^\circ + 120^\circ}{160} = \frac{500^\circ}{160} = \frac{25}{8} = 3 + \frac{1}{8}$$

Por tanto, la confusa expresión del texto latino parece aludir a una cantidad ligera-

En el texto Pseudo-Māšāllāh 1 u, en Ibn al-Ṣaffār y Pseudo-Maslama,[60] se dan procedimientos idénticos, A y B, para calcular las horas desiguales, así como para saber las horas iguales de los arcos diurno y nocturno. La única terminología que utilizan para las horas es *equales* e *inequales*. El texto de Ibn al-Ṣaffār y el Pseudo-Maslama [61] también recogen el método práctico alfonsí de conversión de horas desiguales a iguales y viceversa, mientras el Pseudo-Māšāllāh 1 u reduce a horas iguales el número total de grados de las horas desiguales dividiéndolos por 15.[62]

Abraham ben ʿEzra se refiere a las horas desiguales como *temporalis / artificialis / torte* y apunta la diferencia entre ambos tipos de horas.[63]

5.3. *Cómo saber qué hora es con el astrolabio*

Si en un momento dado observamos la altura del sol sobre el horizonte y situamos el grado del sol en el astrolabio sobre la altura correspondiente en almicantarats, en Oriente o en Occidente, el opuesto del grado del sol determinará, sobre las líneas horarias, la hora desigual de ese momento. De noche se observará la altura meridiana de una estrella fija de la araña y se situará esta estrella sobre el almicantarat correspondiente: el propio grado del sol determinará las horas desiguales transcurridas. Así lo explica el *Libro de Astrolabio Llano* en los capítulos XV y XVI.[64] Las fracciones de horas transcurridas se calculan interpolando entre el arco correspondiente a una hora desigual y el que ha descrito el *elmuri* desde que el grado del sol, o su opuesto, han atravesado la última línea horaria:

$$x = \frac{ab}{ac}$$

mente superior a 3°, que es el resultado correcto. Evidentemente este resultado se obtendría si suprimiéramos en el texto las palabras *quarta dimidia et quarte,* ya que *et hore recte pars quinta son exactamente 3°.*

B) ...«ut puta multiplica sic quater X et VIIII fiunt LXXVI, hos partire secundum ordinem per XV, fiunt hore quinque et unus ordo».

O sea, 4 horas desiguales × 19° = 76°.

$$\frac{76°}{15°} = 5 \text{ horas iguales} + 1° \ (= \textit{unus ordo})$$

60. Pág. 219; pág. 33; pág. 266, donde existe un error *inequalium* por *equalium,* y pág. 269.

61. Págs. 34-35; págs. 269-70.

62. Pág. 220.

63. Pág. 15; págs. 20-21.

64. Págs. 268-69.

ac = arco de la hora desigual.
ab = arco de la fracción de hora desigual.

Todos los textos consultados utilizan este método[65] para determinar las horas desiguales. También todos ellos reflejan el sistema alfonsí para conocer las fracciones de hora desigual.[66]

En los textos Pseudo-Māšāllāh 1 u, Ibn al-Ṣaffār y Pseudo-Maslama se encuentran capítulos relativos a cómo saber las horas iguales pasadas del día o de la noche. Se debe conocer, mediante el *elmuri,* el valor angular del movimiento realizado por el grado del sol o su opuesto desde que atraviesa el horizonte occidental. Este ángulo, dividido en 15°, nos dará las horas iguales transcurridas.[67] Abraham ben ʿEzra incluye otras aportaciones: una hora igual tiene 60 minutos *(minuta)* y, por tanto, a cada grado le corresponden 4 minutos.[68]

5.4. *Cómo saber cuándo acontecerán la aurora y el crepúsculo*

Los capítulos XLIII y XLIV del segundo *Libro de Astrolabio Llano* definen *alua / alfagr (al-faŷr)* como *nacimiento de la claridad del día* y *ponimiento del crepuscol (šafaq)* como la desaparición de esta claridad.[69]

Refieren que el alba empieza cuando el grado del sol de un día determinado se encuentra en el almucantarat —18° de la parte oriental o, lo que es lo mismo, cuando el opuesto del grado del sol se encuentra en el almucantarat 18° sobre el horizonte occidental.

Así en la esfera (fig. n.° 2) el sol, que recorre el arco del día *BMB',* describe también el arco *AMA'* desde el inicio del alba al fin del crepúsculo.

El parámetro -18° para la aurora y el crepúsculo corresponde a la tradición religiosa astronómica del *mīqāt*. Aparece ya en la generación siguiente a la de astrónomos ma'munies, en al-Nayrīzī, en al-Bīrūnī y en Azarquiel.[70]

65. Ms. 225 *Incipit* C de J', págs. 280-2; Pseudo-Māšāllāh 1 u, pág. 218; Ibn al-Ṣaffār, págs. 31-32; Pseudo-Maslama, págs. 265-66; Abraham b. ʿEzra, pág. 21.

66. Ms. 225 *Incipit* C de J', pág. 287; Pseudo-Māšāllāh 1 u, pág. 219; Ibn al-Ṣaffār, págs. 33-34; Pseudo-Maslama, pág. 268; Abraham b. ʿEzra, págs. 14-15.

67. Pseudo-Māšāllāh 1 u, pág. 220; Ibn al-Ṣaffār, pág. 34; Pseudo-Maslama, pág. 269.

68. Págs. 15 y 21.

69. Pág. 281.

70. Sobre este tema J. SAMSÓ: *Calendarios populares y tablas astronómicas* en «Historia de la Ciencia Árabe» (Madrid, 1981), 130-35. Sobre el dato en Azarquiel J. M.ª MILLÀS VALLICROSA: *Tractat de l'Assafea d'Azarquiel,* Barcelona, 1933, cap. 27, 77-78, cf. not. I, pág. 78.

Si de noche calculamos la altura de una estrella fija y la situamos en el astrolabio sobre la altura correspondiente en almicantarats, el opuesto del grado del sol indicará si se ha iniciado el alba o si ha acabado el crepúsculo, según las alturas citadas.

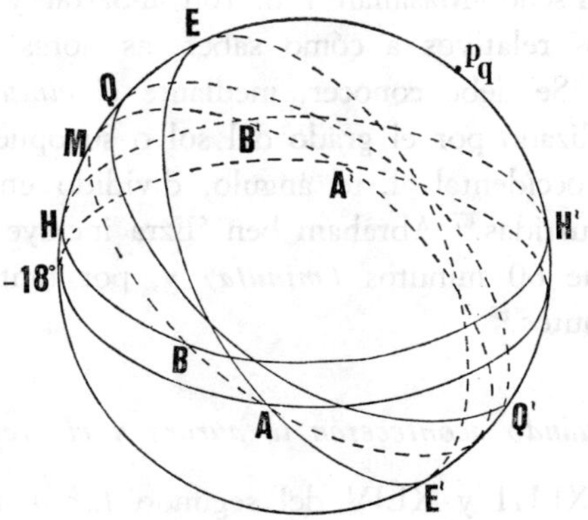

Fig. 2

Por otra parte, si se sitúa el opuesto del grado del sol sobre el almicantarat 18º en Occidente o en Oriente, el grado del sol indicará a qué hora temporal se inicia el alba, o acaba el crepúsculo, sobre las líneas de las horas.

En el *Incipit* C del texto J' se encuentra el capítulo *ut scias quam prope sit aurore,*[71] que determina el comienzo del alba mediante el *nadair* del grado del sol.

Los textos Pseudo-Māšallāh 1 u, Ibn al-Ṣaffār y Pseudo-Maslama[72] facilitan los cálculos, pues se refieren al almicantarat -18º de Oriente y Occidente, representado en el astrolabio sobre las líneas horarias: ...«lineas ad hoc constitutas in partibus horarum». Así, puede calcularse directamente, con el grado del sol, el *crepúsculo vespertino / occasum luminis / assafat* o el *crepúsculo matutino / ortum aurore / alfeger.*

El capítulo correspondiente en el Pseudo-Maslama se refiere también a la existencia de las líneas correspondientes a las oraciones *adorh (al-zuhr)* y *aaxrz (al-ᶜaṣr) —que sunt due hore post medium diem in quibus orant saraceni—.*

71. Pág. 287.
72. Pág. 219; págs. 32-33; pág. 267.

6. Cómo conocer el acimut del sol

Existe un conjunto de capítulos relativos al conocimiento del acimut del sol o de una estrella en un momento determinado, es decir, sobre qué círculo vertical al horizonte se encuentra el astro. Según indican los textos Pseudo-Māšāllāh 1 u e Ibn al-Ṣaffār,[73] se puede conocer el acimut del sol directamente sobre el astrolabio tomando su altura y situando el grado del sol sobre los almicantarats, en el cuadrante correspondiente (SE., NE., SO., NO.). Observamos cuál es el acimut que corta el almicantarat en que se encuentra el grado del sol y los grados que diste aquél del cuadrante que le precede es la medida que interesa. También se señala que puede interesar conocer el acimut en el momento en que se produce el orto o el ocaso del astro, cuando su altura sobre los almicantarats es nula.[74]

Asimismo, como indican los textos de Ibn al-Ṣaffār y el Pseudo-Maslama,[75] operando directamente sobre el astrolabio podemos poner fácilmente en relación el grado del sol, su altura meridiana, su sombra y su acimut a cualquier hora y en cualquier día del año. Dados un acimut y una altura determinados, se señala en los almicantarats el lugar donde se cortan y pasarán por esta señal dos puntos de la red equidistantes de uno de los trópicos. Existirán dos días al año —cuando el sol describa el mismo paralelo de declinación—, en que el sol estará exactamente en aquella posición sobre nuestro horizonte en algún momento del día. Puede darse el caso de conocer la sombra y el acimut y para conocer el grado del sol se precisará deducir la altura a partir de la sombra.

El conocimiento del acimut del sol, que podemos obtener directamente con el astrolabio, nos permite dividir nuestro horizonte mediante los puntos cardinales en cuatro partes que se llaman, en los tratados de astrolabio, las cuatro regiones del mundo, *quatuor plagis mundi* o *el medio de las quatro partes*.

Como indican los textos *Libro de Astrolabio Llano,* Pseudo-Maslama e Ibn al-Ṣaffār,[76] conocido el acimut del sol en un momento determinado

73. Pág. 225; pág. 37.

74. Cap. 18 de Pseudo-Māšāllāh 1 u, pág. 222; cap. 21, Ibn al-Ṣaffār, pág. 37; cap. 21, Pseudo-Maslama, págs. 272-73. Existe un capítulo independiente en el texto de Ibn al-Ṣaffār: *Capítol del coneixement dels Orients,* que llama al acimut donde se produce el orto «hora del Oriente del grado del sol». En verano se encuentra dentro del Ecuador, dado que nos encontramos en latitud norte, y en invierno fuera de la línea equinoccial. *Assaig,* 47-48.

75. Caps. 33 y 34, págs. 42-43; caps. 31 y 32, págs. 279-80.

76. Pág. 288; pág. 272; pág. 37.

situaremos la alidada de forma que corte dicho acimut. Mantendremos el astrolabio paralelo al suelo de forma que la alidada señale hacia donde se encuentra el sol en ese momento. Moveremos el astrolabio sin tocar la alidada para que la sombra de la pínula se extienda sobre la alidada. Situado así el instrumento, los diámetros del astrolabio que cortan el horizonte nos están señalando los cuatro puntos cardinales a nuestro alrededor.

Si es de noche conviene proceder con una estrella. Entonces aparece la imposibilidad de utilizar la sombra de la pínula como garantía de la buena orientación de la alidada. Esto obliga a calcular el acimut de una estrella, verificar con el cuadrante del dorso su presencia en nuestro horizonte con el método descrito para identificar en el cielo las estrellas de la red (*infra* § 9.4). Hecho esto situaremos el astrolabio plano en el suelo orientando la alidada hacia donde se encuentra la estrella, tan aproximadamente como sea posible. De nuevo los diámetros del horizonte dividen las regiones del mundo. Conviene señalar que este procedimiento es más inexacto que el anterior, que operaba con el sol, dadas las dificultades que se presentan para orientar la alidada. Se encuentra descrito en el texto Pseudo-Māšallāh 1 u[77] aplicado al caso del sol y en el texto Pseudo-Maslama[78] aplicado a una estrella.

Los textos Pseudo-Maslama e Ibn al-Ṣaffār indican a continuación lo qué conviene hacer, cuando se ha orientado bien el astrolabio, para señalar con la alidada la dirección de la *qibla,* en estos casos en la ciudad de Córdoba. Es éste uno de los problemas fundamentales del *mīqāt,* la astronomía religiosa árabe: se mueve la alidada hasta que uno de sus extremos se encuentre a 30° del cuadrante SE. La pínula indicará la dirección de la *qibla* en Córdoba y alrededores.

Este valor de 30° al Sur del Este para la *qibla* en Córdoba que da Ibn al-Ṣaffār es erróneo y responde a la aplicación en al-Andalus de una tradición egipcia de los primeros tiempos de la religión islámica: se consideraba que la dirección de la *qibla* se encontraba hacia el lugar donde se producía el orto del sol el día del solsticio de invierno, precisamente, en Córdoba a 30° SE., aproximadamente.[79] Más adelante nos referiremos a otro método aproximativo de determinación de la *qibla* que se encuentra en el *Libro de Astrolabio Llano.*

En cuanto a la determinación de las regiones del mundo y en lo con-

77. Pág. 222.
78. Pág. 273.
79. Sobre esta cuestión ver el apéndice *A* de D. A. KING en *Three Sundials from Islamic Andalusia,* «J.H.A.S.», vol. 2 (1978), 370-87.

cerniente al hecho de colocar el astrolabio plano en el suelo, el sistema recuerda la utilización del círculo indio para la determinación del meridiano.

La construcción de este círculo —que la tradición árabe ha denominado indio sin que se conozca ninguna razón para pensar que sea originario de la India— es muy sencilla:

> «facto circulo in pulvere plane terre, aut in aliquo, plano subiecto in medio centro stilus recte figatur, cuius umbra in mane ultra circulum progrediatur» (*Assaig,* pág. 326).

Una vez construido, este círculo sirve para conocer el meridiano de un lugar. Según el procedimiento descrito por al-Bīrūnī,[80] se trata de conocer dos acimutes en los cuales el sol cruza un almicantarat, el día que se quiera. Se procede a determinar, en dos observaciones a lo largo del día, los puntos que proyecta sobre el círculo la sombra del palo, *stilus,* cortando el círculo:

> «Nota bene circuli locum per quem stili umbra intraverit intra circulum. Deinde similiter in exitu nota per quem locum umbra extra exierit circulum» (*Assaig,* pág. 326).

La bisectriz del ángulo que forman estos dos puntos con el centro del círculo indica la dirección del meridiano:

> «post hoc per medium divide spacium quem inter locum primo notatum in ingredienda umbra, et locum secundo notatum in egredienda, ut ubi utrisque loci medietas veniet, ibi oriens et contra illam partem esse dicatur» (*Assaig,* pág. 326).

7. El cálculo del acimut de la *qibla*

Interesa determinar el acimut de la *qibla* cuando se construye una mezquita para orientar correctamente el *miḥrāb,* esto es, situarlo en dirección a La Meca o para realizar cualquier oración canónica de forma ortodoxa. Para proceder correctamente es necesario considerar la diferencia en longitud y latitud entre una ciudad y La Meca. En una ciudad determinada, la dirección de la *qibla* es una función trigonométrica de la latitud del lugar, de la de La Meca y de la diferencia de longitudes entre ambas ciudades.

80. E. S. KENNEDY: *The exhaustive treatise...,* vol. II, 80-81.

Representado sobre la tierra, sean[81]

M La Meca.	*PnMB* el meridiano de La Meca.
C Córdoba.	φc la latitud de Córdoba.
Pn el polo norte del Ecuador.	φm la latitud de La Meca.
PnCA el meridiano de Córdoba.	ΔL la diferencia de longitudes.

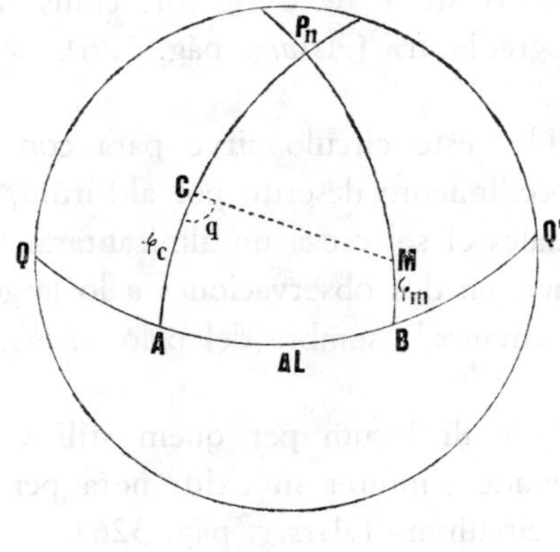

Fig. 3

El acimut de la *qibla* para la ciudad de Córdoba se define por la dirección del círculo máximo que pasa por Córdoba y La Meca, que representamos con línea punteada. El ángulo *q,* que recibe el árabe el nombre de *inḥirāf al-qibla,* puede ser determinado por trigonometría esférica resultando:

$$q = \cot g^{-1} \left\{ \frac{\operatorname{sen}\varphi \ \cos\Delta L \ - \ \cos\varphi \ \operatorname{tg}\varphi m}{\operatorname{sen}\Delta L} \right\} \qquad [1]$$

Matemáticamente se trata de la determinación del acimut de un cuerpo celeste con declinación determinada para un ángulo horario determinado. Es un problema de astronomía esférica para el cual la tradición astronómica árabe ha dado diversos procedimientos trigonométricos y soluciones exactas y aproximativas.[82]

Una de estas últimas, que se atribuye a al-Jwārizmī[83] está presente en

81. Reproducimos aproximadamente el planteamiento de D. A. KING en el artículo *Kibla,* E. I.², V, págs. 85-86.

82. *Ibidem,* págs. 84-91.

83. *Ibidem,* pág. 87.

el capítulo LVII del segundo *Libro de Astrolabio Llano*[84] que ha sido analizado recientemente.[85] En este capítulo se expresa la siguiente fórmula:

$$[2] \qquad 90^{o} - q = \text{arc sen} \frac{\text{sen } \Delta L. \cos \varphi_{2}{}^{2}}{\sqrt{\frac{\text{sen } \Delta L \cos \varphi}{R} + \text{sen}^{2} \Delta\varphi}}$$

donde «q» es el acimut de la *qibla* o «en qual drecho yaze essa villa de la villa en que estas».

ΔL la diferencia de longitudes entre La Meca y la ciudad donde nos encontramos, o sea, «la diferencia que es entre amas á dos las longuras».

cos φ_2 el coseno de la latitud del La Meca o «seno del complimiento de la ladeza dessa otra villa».

$\Delta\varphi$ la diferencia de latitudes entre La Meca y la ciudad donde nos encontramos o «la diferencia que es entre las dos ladezas».[86]

El mismo capítulo se refiere también a cómo saber, comparando las latitudes y longitudes de dos ciudades, donde se encuentra una en relación a la otra, por ejemplo:

> «Et si fuer la longura dessa otra villa que quisieres saber en qual drecho cae de la tu villa mas que la longura de tu villa et fuer la ladeza della menos que la ladeza de la tuya sabras que cae entre medio orient et medio dia» (*Libros* III, pág. 289).

A pesar de todo, el texto no proporciona ningún ejemplo concreto que permita conocer qué meridiano origen se está considerando.

Contrariamente, más adelante se refiere en concreto a que «ell açent de Mecha es en Córdoua XLV grados en el quarto que es entre medio orient et mediodia». Este valor de 45° al Sur del Este, que aparece en otras fuen-

84. Págs. 287-88.

85. J. SAMSÓ: *Tres notas sobre astronomía hispánica en el siglo XIII*, «Estudios sobre Historia de la Ciencia Árabe» (Barcelona, 1980), 174-79.

86. Esta fórmula equivale a la de al-Jwārizmī

$$q = \text{sen}^{-1} \left\{ \frac{\left[\frac{\text{sen } \Delta L \cos \varphi_m}{R}\right] R}{\sqrt{\text{sen}^2 \Delta\varphi + \left[\frac{\text{sen } \Delta L \cos \varphi_m}{R}\right]^2}} \right\}$$

cf. D. A. KING, *Ḳibla*, 87.

tes andalusíes,[87] no puede obtenerse con la fórmula de al-Jwārizmī.[88] En cualquier caso, a efectos prácticos y según el resultado obtenido con la fórmula, orientaremos la alidada del astrolabio que señalará la dirección en que se encuentra La Meca.

8. Métodos de aproximación

Son problemas difíciles de solventar, en la construcción de un astrolabio, la división de la eclíptica en la araña o el trazado de los almicantarats de grado en grado para conseguir el *astrolabio general.* Las dificultades que presenta el trazado de estas divisiones son el motivo de que en el *Libro de Astrolabio Llano,* en los capítulos XVII, XVIII y XIX[89] se expliquen métodos aproximativos a seguir para conocer el grado del sol sobre la eclíptica o para situarlo en la altura correspondiente sobre el horizonte.

8.1. «*De saber partir el grado del sol en el zodiaco*»

Supongamos que se desea conocer el lugar del grado del sol sobre la eclíptica *B* (fig. n.º 4) y se conoce el lugar sobre ella de un grado anterior *A* y uno posterior *T,* se calculará *AB* teniendo en cuenta la relación:

$$\frac{AB}{AT} = \frac{AB'}{AT'}$$

La solución sería correcta si se planteara en los términos siguientes:

$$\frac{\text{sen } AB}{\text{sen } AT} = \frac{\text{sen } AB'}{\text{sen } AT'}$$

No obstante, en los triángulos *ABB'* y *ATT'* de la figura 4 se verifica, para ángulos pequeños, la primera relación considerando planos y coplanarios los triángulos citados. Por otra parte, dada la limitada precisión que puede obtenerse con un astrolabio, este método puede resultar útil ya que el orden de error que se comete difícilmente resultará apreciable en este instrumento.

87. D. A. KING: *Three Sundials...,* 370-74.
88. J. SAMSÓ: *Tres notas sobre astronomía...,* 175.
89. Págs. 269-71.

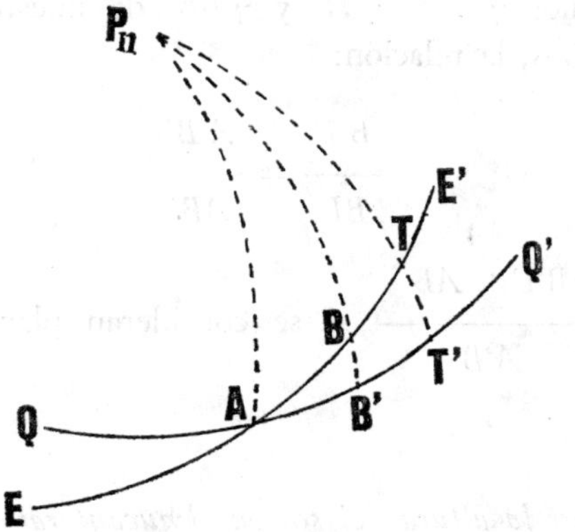

Fig. 4

8.2. *«De saber partir el grado dell ascendent en el zodiaco»* (cap. XIX)

El texto alfonsí explica cómo conocer el grado del ascendente cuando éste no está representado sobre la eclíptica.

En la figura n.º 5, *I* es el ascendente que no está representado en la graduación de la eclíptica y al cual corresponde el punto *I'* sobre el Ecuador.

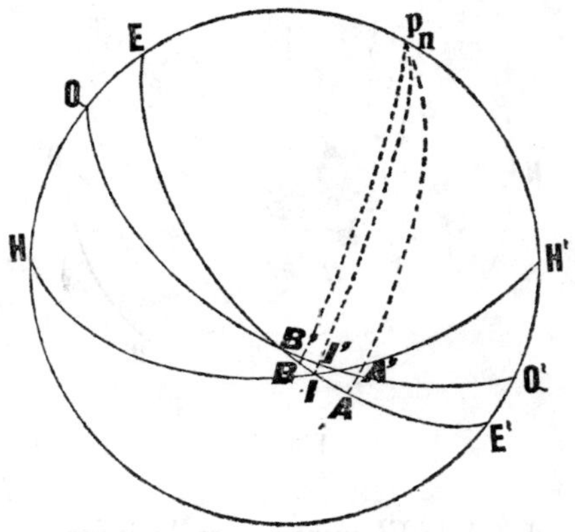

Fig. 5

Tenemos representados, en las divisiones de la eclíptica, los puntos *A* y *B*. Cuando *A* cruza el horizonte señalamos con el *elmuri* el punto *A'* y procediendo análogamente con *B* obtenemos *B'*. Obtendremos la longitud del punto *I* aplicando:

$$\lambda_I = \lambda_B + BI$$

En los triángulos $\gamma AA'$, $\gamma II'$ y $\gamma BB'$ de nuestra figura se verifica, para ángulos pequeños, la relación:

$$\frac{B'I'}{BI} = \frac{A'B'}{AB}$$

de donde $BI = \dfrac{B'I' \quad AB}{A'B'}$ si se consideran planos y coplanarios los triángulos citados.

8.3. «*De saber partir la altura del sol en almucantarat*» (cap. XVIII)

Describe el método a seguir para situar el grado del sol en su altura sobre la lámina cuando en ésta no figura el almicantarat correspondiente. Utiliza los almicantarats inmediatos conocidos, inferior y superior.

El sistema a seguir es el descrito en la figura n.º 6, donde se sitúa el grado del sol en el punto *C* y se señala *C'* con el *elmuri*. Se procede idéntica-

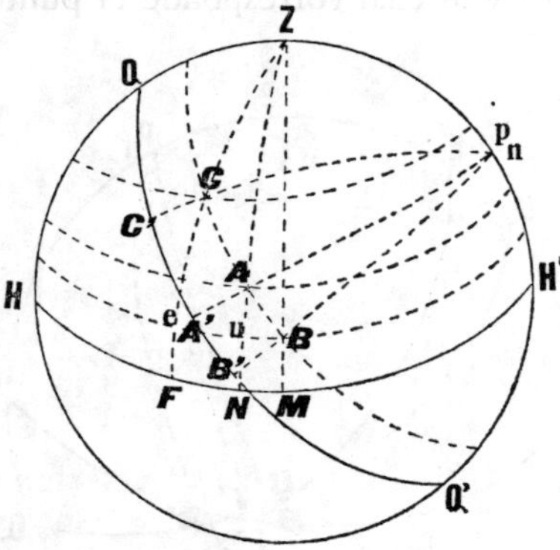

Fig. 6

mente con *B (B')* y *A (A')*. El punto *e* es la intersección del primer almicantarat con el vertical que pasa por *C*. El punto *u* es la intersección del primer almicantarat con el vertical que pasa por *A*. Aceptamos que las distancias entre los almicantarats son muy pequeñas y establecemos en los triángulos *BCe* y *BAu* la siguiente relación:

$$\frac{BA}{Au} = \frac{BC}{Ce}$$

es decir:

$$\frac{BA}{BC} = \frac{Au}{Ce} = \frac{AN - BM}{CR - BM}$$

Dado que $BA = B'A'$ y $BC = B'C'$ se obtiene

$$\frac{B'A'}{B'C'} = \frac{NA - BM}{CF - BM} \qquad B'A' = B'C' \; \frac{AN - BM}{CF - BM}$$

8.4. *Cómo conocer la hora temporal en una latitud determinada para la cual no disponemos de lámina*

Este problema se plantea en los textos Pseudo-Māšallāh 1 u, Ibn al-Ṣaffār y Pseudo-Maslama.[90]

Se carece de la lámina con proyección del horizonte para la latitud (φ_3) en la que se encuentra el observador. Sin embargo, se dispone de dos láminas para las latitudes φ_1 y φ_2 (ver fig. n.º 7) de modo que:

$$\varphi_1 > \varphi_3 > \varphi_2 \quad y \quad \varphi_1 - \varphi_3 < \varphi_3 - \varphi_2$$

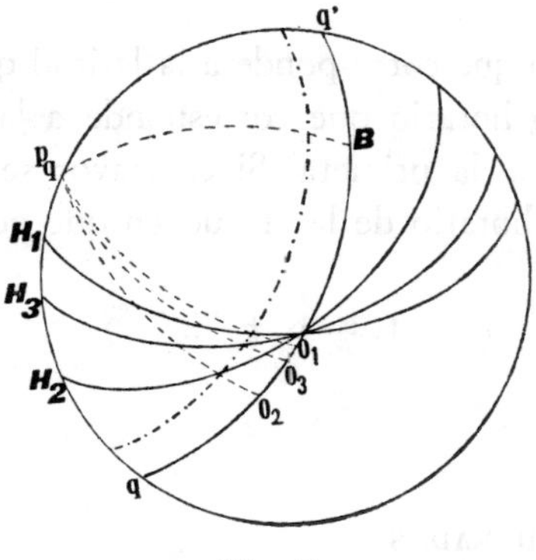

Fig. 7

Se toma la diferencia entre la latitud en que nos encontramos (φ_3) y la latitud de la lámina de que disponemos que está más próxima a nuestro horizonte (φ_1), es decir, $\varphi_1 - \varphi_3$. Por otra parte, se toma la diferencia de la-

90. Pág. 224; pág. 39; págs. 274-75.

titudes entre las dos láminas de que disponemos, por tanto, $\varphi_1 - \varphi_2$. Hecho esto, se establece la relación

$$\frac{\varphi_1 - \varphi_3}{\varphi_1 - \varphi_2} = x$$

A continuación se buscan los ángulos horarios para ambos horizontes $O_1B = t_1$ y $O_2B = t_2$, siendo en nuestra figura $t_1 < t_2$ y se calcula $t_2 - t_1$ (ángulo horario O_2O_1 en la figura).

Como indica el texto:

> ...«quere horas per latitudinem minorem, et similiter per latitudinem maiorem, et harum horarum diversarum differentie tolle parte proportionalem, secundum proportionem diferentie superius sumptam» (*Chaucer and Messallah,* pág. 224).

Parece desprenderse de este pasaje que se toma una parte de esta diferencia proporcional a la relación anterior, por tanto parece establecerse:

$$\frac{t_2 - t_1}{\text{"k"}} = x \qquad \text{siendo } x = \frac{\varphi_1 - \varphi_3}{\varphi_1 - \varphi_2}$$

Si el ángulo horario que corresponde a la latitud que nos es más próxima es menor que el ángulo horario que corresponde a la más lejana se sumará "k" al ángulo horario de la primera. Si es mayor se restará y el resultado obtenido será el ángulo horario de la latitud en que nos encontramos

$$t_3 = t_1 \pm \text{"k"}$$

9. Cálculo de coordenadas

Bajo este título estudiaremos los capítulos que los diversos tratados dedican a la medición de coordenadas eclípticas, ecuatoriales y horizontales. Adelantemos, no obstante, el casi total paralelismo existente entre el *Libro de Astrolabio Llano* y la familia de textos de Ibn al-Ṣaffār. Este paralelismo se manifiesta ya en la distribución de materias por capítulos, ya en el orden de éstos, aunque no se trata de una identificación textual completa.

9.1. *Latitud de un lugar*

Si el día del equinoccio se toma la altura del sol a mediodía con la alidada, esta altura será igual a la colatitud del lugar. Obtendremos la latitud mediante la fórmula:

$$\text{latitud} = 90^\circ - \text{colatitud}$$

Para conocer la latitud cualquier otro día del año es necesario conocer la declinación del grado del sol en aquel día. La fórmula a aplicar será:

$$\text{latitud} = (90^\circ - \text{altura del sol a mediodía}) + \text{declinación}$$

Debe considerarse que la declinación del grado del sol puede ser: positiva si el grado del sol se encuentra en los signos septentrionales, negativa si el grado del sol se encuentra en los signos meridionales.

Ambos métodos se encuentran en los textos de Alfonso X, Pseudo-Māšāllāh 1 u, Pseudo-Maslama, Ibn al-Ṣaffār y Abraham ben ʿEzra.[91] En el ms. 225 de Ripoll sólo se encuentra el primer método, para la fecha del equinoccio.[92]

Con el mismo objetivo se describe un procedimiento que se sirve de las estrellas próximas al Polo Norte, de manera que siempre son visibles a lo largo del año: «de las que non se ponen so tierra en essa villa». Este método aparece en los textos *Libro de Astrolabio Llano,* Pseudo-Māšāllāh 1 u, Pseudo-Maslama, Ibn al-Ṣaffār y Abraham ben ʿEzra:[93] toman la máxima y la mínima alturas de una estrella circumpolar[94] a lo largo del año, las suman y la mitad de la cantidad obtenida es la latitud del lugar... «et lo que fuer sera la ladeza de la villa».

En los mismos capítulos se explica cómo calcular la latitud mediante una estrella cualquiera a lo largo de la noche según la fórmula:

$$\text{latitud} = (90^\circ - \text{altura máxima de la estrella}) + \text{declinación}$$

En el *Incipit* C del texto J' se encuentra un capítulo *Ut scias singula tabula ad quod clima pertinent*[95] relacionable con otro, *De tabule terre*

91. Págs. 275-76; pág. 223; pág. 274; págs. 38-39; pág. 16.
92. Págs. 307-08.
93. Pág. 276; pág. 223; pág. 274; págs. 38-39; pág. 20.
94. El texto alfonsí da dos ejemplos «alfarcadeyn» y «algedi», ambas de la Osa Menor.
95. *Assaig,* pág. 287.

inuenienda[96] del texto de Abraham ben ʿEzra. Ambos se ocupan de conocer la latitud para la que ha sido trazada una lámina mediante el cómputo de los almicantarats que se encuentran entre el punto del horizonte que corta la línea meridiana y el centro del astrolabio (proyección del polo norte del Ecuador).[97]

9.2. *Declinación*

Para calcular la declinación de un grado de la eclíptica se sitúa éste sobre la línea meridiana y, mediante los almicantarats, se miden los grados que le separan del punto donde se cortan dicha línea y el Ecuador.

Así se explica en el *Libro de Astrolabio Llano,* Pseudo-Māšāllāh 1 u, Pseudo-Maslama e Ibn al-Ṣaffār.[98] Con el mismo método se calculará la declinación de cualquier estrella según indican los textos Pseudo-Māšāllāh 1 u, Pseudo-Maslama e Ibn al-Ṣaffār.

En el *Libro de Astrolabio Llano* existe un capítulo sin paralelo en los otros textos: *De saber la ladeza de las estrellas fixas et és quanto son luene del zodiaco,* donde se da un sistema equívoco para calcular la latitud de una estrella. Utilizando la línea meridiana y los almicantarats, calcula la declinación de la estrella *l* (arco *af*) y la del grado de la eclíptica correspondiente al círculo máximo de longitud que pasa por la estrella *(am)* (fig. n.º 8). La

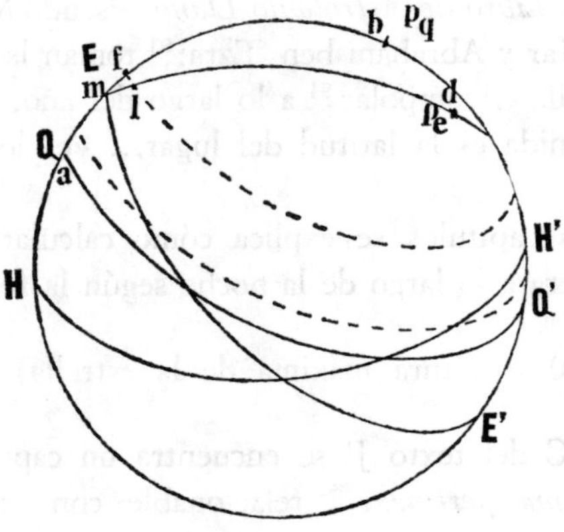

Fig. 8

96. Pág. 15.
97. Refiriéndose a los equinoccios el ms. 225 Ripoll, señala: «tunc plus longi dies sunt illorum mensium», definición verdaderamente poco acertada.
98. Pág. 275; pág. 223; pág. 273; pág. 38.

diferencia de declinaciones *(mf)* es la *ladeza* (latitud) de la estrella, lo cual es erróneo, pues se utiliza un meridiano ecuatorial *(ab)* en vez de uno eclíptico *(md)*.[99] Así la latitud eclíptica no es *mf* sino *ml*.

9.3. *Longitud terrestre*

En los textos *Libro de Astrolabio Llano,* Pseudo-Māšāllāh 1 u, Pseudo-Maslama e Ibn al-Ṣaffār [100] existe un capítulo que explica cómo conocer la longitud de una ciudad en relación a otra valiéndose de un eclipse de luna. Consiste en saber la hora igual en que fue visible el eclipse en las dos ciudades, respectivamente; si la hora fue la misma, la longitud es idéntica y en caso contrario a cada hora de diferencia le corresponderan 15° de longitud terrestre dado que 360°/24 horas = 15°/hora. El lugar donde antes fuera visible el eclipse se encuentra a Oriente respecto al otro.

Con este método se calcula la longitud de ciudades a partir de otras de longitud conocida, reseñada en la *Geografía* de Ptolomeo, como indican Ibn al-Ṣaffār y Pseudo-Maslama.

En los textos Pseudo-Māšāllāh 1 u, Pseudo-Maslama e Ibn al-Ṣaffār [101] se indica que a cada grado y medio de longitud en la tierra le corresponden 100 millas *(100 miliaria)*. Esta medida es la calculada en tiempo de al-Ma'mun, en Oriente, según la cual 1.° = 66,66 millas. Dadas las distintas latitudes y longitudes de las ciudades entre las que se quiere conocer la distancia, los textos Pseudo-Maslama e Ibn al-Ṣaffār calculan la distancia entre ambos lugares por un procedimiento aproximado.

Según el texto Pseudo-Māšāllāh 1 u mediante el Teorema de Pitágoras:

> «longitudinem et latitudinem inter utrasque considera; deinde longitudinem in se ducta latitudini in se multiplicate aggrega, et collige; inde summe tolle radicem».

> Ver la figura n.° 9 $AB = \sqrt{(\Delta\lambda)^2 + (\Delta\varphi)^2}$

Así se resuelve un problema de geometría esférica como si se tratara de un triángulo plano.

99. Págs. 278-79.
100. Págs. 276-77; págs. 224-25; pág. 275; pág. 40.
101. Pág. 225; pág. 275; págs. 40-41.

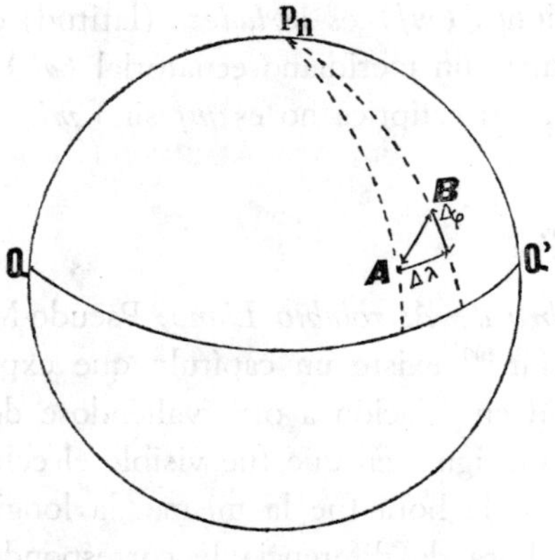

Fig. 9

9.4. *Ascensiones rectas y oblicuas*

Para medir la ascensión recta con el astrolabio —*las eleuaciones del cérculo drecho* en el texto alfonsí— de un grado del zodíaco, se debe situar dicho grado sobre la línea meridiana y el grado del Ecuador que se encuentra al mismo tiempo sobre dicha línea es el que determina su ascensión recta. Si lo que interesa es conocer la ascensión recta de un signo zodiacal se situará sucesivamente el inicio y el fin del signo sobre la línea meridiana, el *elmuri* señalará el arco de ascensión recta de aquel signo.

En cambio, si se desea conocer la ascensión oblicua de un grado de la eclíptica al situar éste sobre el horizonte oriental el grado del Ecuador que corta simultáneamente el horizonte es su ascensión oblicua. Procederemos análogamente sobre el horizonte oriental para determinar las ascensiones oblicuas —*las eleuaciones de alguno de los signos en qual villa quisieres*— de los signos del zodíaco.

Estos procedimientos se encuentran en el *Libro de Astrolabio Llano,* Pseudo-Māšāllāh 1 u, Pseudo-Maslama, Ibn al-Ṣaffār y Abraham ben ʿEzra.[102]

9.5. *Mediación, ascendente y descendente*

La mediación de una estrella es el grado de la eclíptica que culmina con ella sobre la línea meridiana. Se calcula directamente sobre el astrolabio como indican el *Libro de Astrolabio Llano,* Pseudo-Māšāllāh 1 u, Pseudo-Maslama e Ibn al-Ṣaffār.[103] En el ms. 225 de Ripoll, *Incipit* C del texto J', encontramos

102. Pág. 277; pág. 225; págs. 281-82; págs. 44-45; págs. 18-19.
103. Pág. 278; pág. 221; pág. 272; págs. 36-37.

este cálculo confundido con el de la longitud eclíptica de una estrella. Conviene señalar de nuevo el uso del término *casa* con el significado de *signo:*

> «Quando queris scire stellas que sunt in astrolapsum in qua casa sint uel in quo ordine eiusdem case; mitte caput ipsius case [por *stelle*] in lineam medii celi, et uide que casa sit super ipsam lineam medii celi, quis ordo in ipsa casa et in ipso ordine est ipsa stella» (*Assaig,* pág. 286).

El texto de Abraham ben ᶜEzra presenta la misma confusión entre mediación y longitud eclíptica, añadiendo que se puede conocer la antigüedad de un astrolabio considerando que la longitud eclíptica de una estrella aumenta un grado cada setenta años: [104]

> «Pone aciem designantem eam super lineam medii celi et vide quid zodiaci tangat eadem linea, in eo quidem signo et gradu est eadem fixa. Hac arte potes scire an astrolabium sit vetus an novum. Vide quoto signi gradu sit stelle secundum astrolabium quotoque secundum rationem tabularum, quo tempore queris, et si discordant pro quo libet gradu differentia 70 annos computa» (cap. *Opera diversa,* pág. 20).

El mismo capítulo 16 del texto Pseudo-Māšāllāh 1 u incluye un método aproximativo para conocer la longitud eclíptica de una estrella. Consiste en fijar un hilo sobre el polo de la eclíptica que se hará pasar por encima de la estrella y señalará el grado aproximado sobre la eclíptica:

> ...«gradum vero longitudinis habebis per filum positum super polum zodiacii, per totam declinacionem invento».

Para saber dónde se encuentra el polo de la eclíptica es necesario haber dejado, en el momento de la construcción, un punto que lo señale.

También se habla, en los capítulos citados del *Libro de Astrolabio Llano,* Pseudo-Māšāllāh 1 u, Pseudo-Maslama e Ibn al-Ṣaffār, del ascendente —grado de la eclíptica que cruza el horizonte oriental con la estrella— y del descendente —el que cruza con ella el horizonte occidental—. El capítulo alfonsí

104. Sobre este dato E. S. KENNEDY: *The Astronomical Tables of Ibn al-Aᶜlam,* «J.H.A.S.» I (1977), 13-23. También SEDILLOT: *Prolegomènes des Tables Astronomiques d'Oloug Beg,* París, 1847-53, pág. 289.

especifica que las estrellas que tienen «ladeza» (latitud eclíptica) septentrional atraviesan el horizonte antes de que lo haga el grado de su «longura» eclíptica. Contrariamente las meridionales lo hacen después.

El capítulo 31 del texto Pseudo-Māšāllāh 1 u [105] no se encuentra en ninguno de los otros tratados. Se ocupa de calcular la longitud de una estrella o planeta que no figuren en el astrolabio, pero en realidad calcula su mediación: cuando por sucesivas mediciones de altura se pueda saber que la estrella o el planeta, de coordenadas desconocidas, se encuentra sobre la línea meridiana, mediante otra estrella conocida situaremos la red en la posición de ese momento; el grado de la eclíptica que se encuentra sobre la línea meridiana es la mediación de la estrella o del planeta desconocidos. La altura de esa estrella o planeta, en almicantarats, sobre el círculo del Ecuador nos facilita su declinación.

Otros tres capítulos que se encuentran en los textos Pseudo-Māšāllāh 1 u, Pseudo-Maslama e Ibn al-Ṣaffār [106] describen un sistema para identificar en el cielo las estrellas que se encuentran en la red. Con la ayuda de una estrella conocida, de la que hemos tomado la altura, pondremos la red en posición y determinaremos sobre el astrolabio la altura y el acimut de la estrella que queremos identificar. Tras haber trasladado estas coordenadas a la alidada del astrolabio, miraremos a través de las pínulas y «la estrella más resplandiente» que veamos será la que buscábamos:

> «Post hoc pone regulam super similitudinem eius altitudinis et suspende astrolabium de mano tua et aspice ex foraminibus tabularum in eadem parte que invenisti eam et maiorem stellam quam videris ex foraminibus in eadem parte absque regule ipsa erit stella quam volueris» (Cap. XIX, Pseudo-Maslama).

Podemos relacionar con estos capítulos y con los del cálculo de la hora durante la noche un capítulo independiente que se encuentra en el *Incipit* E del texto J' del ms. 225 de Ripoll.[107] Se trata del capítulo *De stellis horarum* que reseña las estrellas horarias que se pueden usar para poner el astrolabio en posición en un momento determinado. Da una lista de siete estrellas que reproducimos. Añade que no en todos los signos se encuentran estrellas de este tipo: «Aldeuaran» (α Tau), «Menkehaliuze» (α Orio), «Rigelalguize» (β Orio), «Kalbalazet» (α Hyd), «Kalbalagrab» (α Scorp), «Deneb» (δ Cap), «Batanalhaut» (β Cass).

105. Pág. 226.
106. Págs. 225-26; págs. 271-72; pág. 36.
107. Pág. 292.

10. De saber el lugar de la luna y de los planetas

Los capítulos referentes a cómo situar el lugar de la luna y de los planetas sobre la red del astrolabio, en un momento determinado, coinciden generalmente en considerar que estos astros describen sus órbitas aproximadamente con latitud de 0° respecto a la eclíptica solar, es decir, con finalidades prácticas, su posición siempre será determinada sobre la eclíptica. Este proceder, por tanto, es tan sólo aproximado dada la complejidad de los movimientos de la luna y de los planetas para los cuales conviene disponer de unas tablas, de un almanaque o de un ecuatorio.

Hasta este momento, la primera descripción de un instrumento astronómico que pueda utilizarse para determinar la posición de un planeta (ecuatorio), la encontramos en el *Libro de las láminas de los siete planetas* de Ibn al-Samḥ, conservado en versión castellana romance en los *Libros del Saber de Astronomía.*[108] No obstante, J. Samsó señaló recientemente[109] la posible existencia de láminas de astrolabio donde se registrarán los movimientos medios y las ecuaciones de los planetas según parece haber indicado, en un libro perdido, el matemático y astrónomo del Jurāsān Abu Ŷaᶜfar al-Jāzin (m. entre 961-971).[110]

Posibles referencias a estas láminas *(zīŷ al-ṣafāʾiḥ)* (tablas grabadas en láminas de astrolabio) se encuentran en el texto Pseudo-Māšāllāh 2 c, como señaló J. Samsó:[111]

> «quidem uero volentes astrolabium perfectum facere sculpiunt in quibusdam tabellis medios cursus planetarum adque sic equationes annorum quoque et mensium ab inuicem extractiones sicut [Millàs indica blanco en el manuscrito] qui dicitur liber directionum inuenitur».

Aportaremos otra posible alusión a estas láminas, mucho más insegura, del *Incipit* A del texto J':[112]

> «Sciet etiam varios cursus planetarum et ubi stant, et quomodo

108. RICO y SINOBAS, *Libros* III, 241-71.
109. J. SAMSÓ: *¿Un nuevo dato sobre el zīŷ al-ṣafāʾiḥ de Abū Ŷaᶜfar al-Jāzin?,* «Al-Qanṭara» I (Madrid, 1981), 461-64.
110. D. A. KING: *New Light on the Zīj al-Ṣafāʾiḥ of Abū Jaᶜfar al-Khāzin,* «Centaurus» 23 (1980), 105-117.
111. J. SAMSÓ: *¿Un nuevo dato...?*
112. Pág. 275.

> se movant, ceterorumque siderum omnium status et motus. Sciet etiam certos ortus et occasus omnium.»

Los textos Pseudo-Māšāllāh 1 u, Pseudo-Maslama e Ibn al-Ṣaffār [113] explican un método aproximado para conocer el lugar de la luna y de los planetas en el cielo, situando la red en posición con la ayuda de una estrella. Entonces, si conocemos la altura de la luna o el planeta sobre el horizonte, en la parte de Oriente o de Occidente, identificaremos la posición del astro con el grado de la eclíptica que se encuentre a la misma altura en almicantarats.

En el texto de Abraham ben ʿEzra se encuentran dos métodos también aproximados:

A) En el capítulo *Ad horam temporalem sciendam per lunam* [114] se indica que es necesario conocer la posición de la luna mediante unas tablas («tabulis coequationis planetarum»); la posición obtenida se transporta sobre la eclíptica y el grado del sol que le corresponde se considera que describe el paralelo de declinación lunar de ese día. Entonces, tomando sucesivas alturas de la luna a lo largo de la noche y utilizando el grado del sol que le corresponde, se puede determinar el transcurso de las horas desiguales, con el grado del sol de aquel día, sobre las líneas horarias. Se trata, pues, de otra utilización del astrolabio como reloj. No obstante, Abraham ben ʿEzra reconoce la imprecisión que puede derivarse de este método en el capítulo *De latitudine lune* [115] cuando indica que a medianoche la altura de la luna sobre el horizonte puede ser mayor o menor que la del grado de la eclíptica que se le atribuye:

> ...«Sin altitudo lune maior est, luna latitudinem habet sinistram, si minor dextram et quanta est differentia almucantarath quod tangit gradus lune loci ad altitudinem lune, tanta est eius latitudo ad dextra vel a siniestra».

Este último método sólo es relacionable con el descrito en el capítulo 35 del texto Pseudo-Māšāllāh 1 u[116] para saber si el planeta se encuentra al Norte o al Sur de la eclíptica, es decir, si «scire volens utrum planeta sit australis uel septentrionalis in via solis». Se operará de igual forma que en el método descrito por Abraham ben ʿEzra para la luna.

B) Para conocer el lugar de un planeta en la eclíptica conocido el mo-

113. Pág. 226; pág. 282; pág. 46.
114. Pág. 19.
115. Págs. 19-20.
116. Pág. 227.

mento de su orto u ocaso o el momento en que se encuentra sobre la línea meridiana, pondremos el astrolabio en posición con la ayuda de una estrella y el ascendente o el descendente o el grado de la eclíptica sobre la línea meridiana determinarán la posición del planeta.[117] De nuevo se supone que la órbita del planeta coincide con la eclíptica.

Para saber si el movimiento de un planeta es directo o retrógrado se describe un procedimiento en el que coinciden los textos Pseudo-Māšāllāh 1 u, Pseudo-Maslama e Ibn al-Ṣaffār.[118] Mediante la alidada se toma la altura del planeta y la de una estrella conocida. Días más tarde se vuelve a tomar la altura del planeta cuando la de la estrella es la misma que se obtuvo en la medición anterior. Si el planeta se encuentra en la parte de oriente de la línea meridiana y la segunda altura es menor que la primera, el planeta está realizando un movimiento directo y, al contrario, si la segunda altura es mayor el movimiento será retrógrado. Si el planeta se encuentra a Occidente de la línea meridiana los resultados serán interpretados al revés. Idéntico método describe Abraham ben ᶜEzra en el capítulo *De loco planete cognoscendo.*[119]

Un capítulo independiente del texto Pseudo-Māšāllāh 1 u [120] *De loci planetarum inveniendis* aporta otro método para conocer la posición de un planeta sobre la eclíptica a partir de su mediación. Se toma la altura del planeta antes que éste cruce el meridiano y mediante una estrella fija conocemos el ascendente de este momento; cuando el planeta se encuentre a la misma altura sobre el horizonte después de su paso por el meridiano se vuelve a tomar el ascendente mediante una estrella fija. La mitad del arco de Ecuador recorrido por el *elmuri* entre ambas posiciones nos servirá para determinar el ascendente correspondiente al momento en que el planeta cruza el meridiano. Situando el ascendente obtenido sobre el horizonte oriental, el grado de la eclíptica que se encuentra en el meridiano será la mediación del planeta.

11. Las revoluciones de los años del mundo

El capítulo XXIV alfonsí —*De saber las revoluciones de los començamientos de los annos del mundo et de las nascencias et de los sus ascendentes con ell astrolabio* [121]— explica cómo conocer el ascendente en el momento exacto en que se inicia el año sidéreo. Para ello es necesario conocer el

117. Págs. 21-22.
118. Pág. 227; pág. 282; pág. 46.
119. Pág. 22.
120. Pág. 227.
121. Págs. 277-78.

ascendente de un año anterior determinado y el período de duración del año sidéreo.

Tanto Azarquiel[122] como Abraham ben ʿEzra[123] utilizan un valor del año sidéreo igual a

$$365\ 1/4 + \frac{1}{150}\ \text{días}$$

En consecuencia, consideran que el sol tiene un movimiento sideral diario de 0; 59,8,11,28,25°. Según Abraham ben ʿEzra, a este valor del año sidéreo le corresponde una *revolutio anni* de 92; 24°, lo que significa que el sol volverá a estar en conjunción con una estrella determinada cuando hayan transcurrido 365 días y una fracción (1/4 + 1/150) de día, fracción en la que el sol habrá avanzado 92; 24°.[124] Conocido el ascendente de un año se situará sobre el horizonte oriental en el astrolabio. A continuación se debe multiplicar la *revolutio anni* (92; 24° en el texto alfonsí) por el número de años transcurridos hasta el año para el cual queremos conocer el ascendente. Realizado este producto lo dividiremos por 360° para prescindir de las revoluciones completas que deberíamos transportar sobre la araña. El resto de este cociente se transporta en grados sobre el limbo mediante el *elmuri*. Inmediatamente se obtiene sobre el horizonte oriental el ascendente del momento en que empezará el año sidéreo.

Directamente sobre el astrolabio podemos saber si aquella situación del cielo que representa la araña (inicio del año sidéreo) se producirá en un momento en que sea de día en nuestro horizonte, si conocemos el grado del sol (el grado del sol se encontrará sobre los almicantarats de la lámina).

Mediante el opuesto del grado del sol se puede calcular el número de horas temporales transcurridas desde el inicio del año según los procedimientos habituales ya descritos. Si el grado del sol se encuentra sobre las

122. J. M.ª MILLÀS VALLICROSA: *Estudios sobre Azarquiel,* Madrid-Granada, 1943-50, 14.

123. J. M.ª MILLÀS VALLICROSA, *El libro de los fundamentos de las tablas astronómicas de R. Abraham ibn ʿEzra,* Madrid-Barcelona, 1947, 82.

124. Este valor de «revolutio anni» = 92; 24° debió ser muy conocido en época medieval y perduró hasta la Edad Moderna, encontrándose en la *Narratio Prima* de Rheticus atribuido a Copérnico: «Mon maître étudia avec le plus grand soin l'année sidérale. Il trouva qu'elle était de 365; 15,24 jours environ et qu'elle avait toujours eu cette longuer depuis que des observations sont faites et connues».

365; 15,24 días son 365d 6h 9m 36s, que corresponden a una «revolutio anni» de 92; 24°, el valor de Azarquiel.

(Cf. Traducción y comentario de H. HUGONNARD-ROCHE, E. ROSEN y J.-P. VERDET: *Introductions à l'Astronomie de Copernic,* París, 1975, 105.)

líneas de las horas el año sidéreo empezará siendo de noche en nuestro horizonte.

Los textos Pseudo-Māšāllāh 1 u, Pseudo-Maslama e Ibn al-Ṣaffār [125] contienen sendos capítulos donde dan un parámetro de *revolutio anni* = 93°, que corresponde a una duración del año sidéreo de 365d 6h 12m, valor relacionable —y prácticamente idéntico— con el que da Maslama en la versión del *zīŷ* de al-Jwārizmī.[126]

12. La división de las casas del zodíaco en el astrolabio

Con finalidades astrológicas se divide el círculo de la eclíptica en doce partes llamadas *casas,* que sirven como punto de referencia para situar los diversos astros que intervienen en la confección de un horóscopo.

Los capítulos XV y XVI del *Libro de Astrolabio Llano* [127] explican cómo conocer el *ascendent* (o principio de la casa I) y el *ponent* (o principio de la casa VII) en cualquier momento del día y de la noche: mediante el sol o una estrella reproducimos la situación del cielo en el astrolabio y el grado del zodíaco que corta el horizonte oriental es el ascendente y el que corta el occidental el descendente, al que se refiere como el *oppósito* del grado del ascendente. Ascendente y descendente se encuentran uno a 180° del otro, dado que el horizonte y la eclíptica son dos círculos máximos que se cortan en la esfera. Estos capítulos se refieren también a la determinación del *mediol cielo* (o principio de la casa X) y de la *casa quarta* o *ángulo de la tierra* (principio de la casa IV), ambas sobre la línea meridiana. Los cuatro puntos se citan como *grados de los quatro angulos.*

La información se completa en el capítulo XXVIII del mismo texto —*De saber igualar las XII casas por el astrolabio* [128]—. Conocidos los *quatro angulos,* los principios de las demás casas se determinarán utilizando las horas desiguales, fruto de dividir por 12 el arco diurno y el arco nocturno, de forma que dos horas desiguales determinan el inicio de otra casa. Se trata, obviamente, de una aplicación del método expuesto por al-Battānī [129]

125. Pág. 229; pág. 283.

126. La duración del año sidéreo en el *zīŷ* de al-Jwārizmī es de 365; 15, 30, 22, 30 d, o sea de 365d 6h 12m 9s. Cf. O. NEUGEBAUER: *The astronomical Tables of al-Khwārizmī,* Köbenhavn, 1962, 131.

127. Págs. 268-69.

128. Pág. 247.

129. C. A. NALLINO: *Al-Battānī sive Albatenii Opus Astronomicum;* I, Milán, 1903, 73-74 y 246-49.

utilizando las líneas horarias y que representamos en la figura n.º 10: *b* es el ascendente, *c* determina la ascensión recta del ascendente, *a* el grado del Ecuador que corta el horizonte al mismo tiempo que el ascendente. Entonces, el arco semidiurno del ascendente *cd* se divide en tres partes iguales, lo que equivale a tomar arcos correspondientes a dos horas desiguales de dicho ascendente. Los meridianos ecuatoriales que pasen por estas divisiones determinarán sobre la eclíptica los principios de las casas zodiacales XI y XII. Las demás casas se determinarán siguiendo el mismo procedimiento.

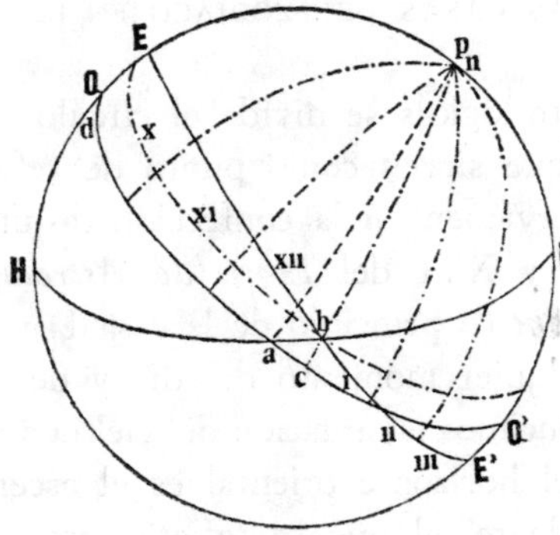

Fig. 10

En el *Libro dell Alcora,* otro de los *Libros del Saber de Astronomía,*[130] se explica otro sistema para dividir las casas que difiere en determinados aspectos del antes expuesto. Así, sobre la figura n.º 10, en vez de dividir el arco *cd* se parte del punto *a* y se divide *ad*:

> «et cata quál de los grados del equinoctio fuer en ell orizon oriental»...

Otra diferencia radica en que los arcos de ascensión recta de los que se sirve para dividir las casas corresponden a dos horas desiguales del grado del sol de aquel día, no del ascendente:

> «sepas quántos son los grados de una hora non egual daquel dia et aquello que fuera dóblalo».

130. *Libros* I, pág. 201.

El *Incipit* C del texto J' [131] determina el inicio de las casas I, IV, VII y X de idéntica forma que el texto alfonsí, situando el astrolabio en posición mediante el sol o una estrella fija. No explica cómo dividir el resto a casas.

El método de al-Battānī también se utiliza en los textos Pseudo-Māšāllāh 1 u, Ibn al-Ṣaffār y en Abraham ben ʿEzra,[132] este último aludiendo a Ptolomeo y Donorio.[133] Los cuatro se sirven del sistema práctico alfonsí al dividir las casas mediante las líneas horarias, con alguna variante en el desarrollo del procedimiento.

El capítulo XXXIX del *Libro de Astrolabio Llano* [134] indica que, conocido el ascendente y situado sobre el horizonte occidental, el grado del sol sobre los almicantarats indicará su altura sobre el horizonte y su *oppósito* las horas desiguales transcurridas del día; de noche será el grado del sol el que indique las horas desiguales transcurridas.

13. El dorso del astrolabio

Hasta este momento el astrolabio se ha manifestado como una proyección estereográfica de la esfera celeste. Se utiliza conjugándolo con la observación y permite la obtención de informaciones astronómicas susceptibles de ser utilizadas astrológicamente.

El dorso del astrolabio no se presenta como un simple accesorio de la madre, sino que contiene una serie de trazados de aplicación directa a la resolución de problemas prácticos: el cálculo de alturas y distancias para la resolución de problemas trigonométricos; el conocimiento de la hora sin necesidad de saber el grado del sol; el propio calendario zodiacal y, posiblemente, la conversión de fechas musulmanas a cristianas.

Cuando se quiere medir una altura o una distancia determinadas se puede resolver por medios trigonométricos si se integra como cateto de un triángulo rectángulo del que se conoce uno de los ángulos agudos. Conoceremos este ángulo utilizando la alidada que transporta el triángulo real sobre el cuadrado de sombras. Así la sombra *versa* es la función trigonométrica tangente de un ángulo α y la sombra *tenduda* su cotangente; ambas calculadas para un gnomon de 12 dígitos. La representación gráfica del cuadrante

131. En los capítulos *Quomodo cognoscas ortum stelle in dies de Oriente* (pág. 286) y *Quomodo scias signi ortum vel ocasum in nocte* págs. 286-87).

132. Págs. 227-28; pág. 45; págs. 17-18.

133. F. SEZGIN: *Geschichte des Arabischen Schrifttums*, Leiden, 1974, vol. VII, 32-33.

134. Págs. 279-80.

de sombras facilita la comprensión de los principios en que se fundamenta.

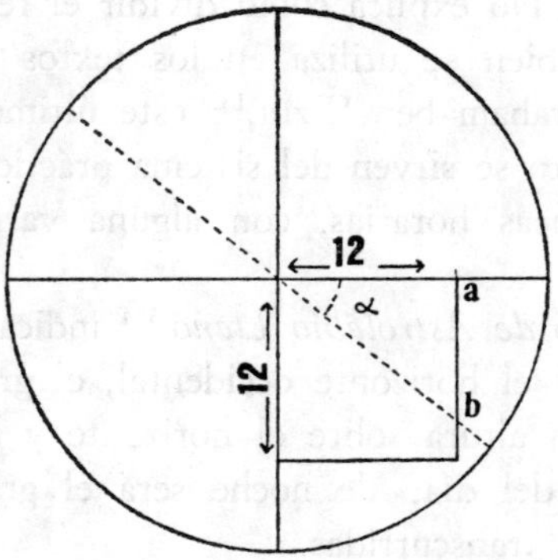

$$\operatorname{cotg} \alpha = \frac{ab}{12}$$

$$\operatorname{tg} \alpha = \frac{12}{ab}$$

Fig. 11

El capítulo XLV del *Libro de Astrolabio Llano* proporciona la fórmula general para convertir unas sombras en otras:

si la sombra *versa* $ab = 12 \operatorname{tg} \alpha \frac{12}{\operatorname{cotg} \alpha}$

y la sombra *tenduda* $= \frac{12}{\operatorname{tg}} = 12 \operatorname{cotg} \alpha$

tendremos que la sombra *versa* $= \frac{12}{\operatorname{cotg} \alpha} = \frac{12}{\frac{tenduda}{12}} = \frac{144}{tenduda}$

El propio capítulo XLV indica que para conocer los «estados» de una sombra se debe dividir ésta por doce. Los valores trigonométricos obtenidos con el cuadrante de sombras están calculados para un gnomon de 12 dígitos. Si los dividimos por 12, en realidad estamos utilizando un gnomon = 1.

Las primeras aplicaciones trigonométricas conocidas en al-Andalus de un gnomon = 1 se encuentran en el *Calendario de Córdoba* en una serie de valores correspondientes a alturas meridianas del sol, calculadas utilizando como gnomon la estatura de un hombre en pie.[135] La primera tabla hispánica de

135. J. SAMSÓ: *Un calendario popular y la astronomía española en el siglo X,* «Investigación y Ciencia» 64 (1982), 39.

tangentes conocida que fuera calculada utilizando un gnomon = 1 es la de Ibn Muᶜāḏ de Jaén en el siglo XI.[136] El capítulo XLVI alfonsí —*De saber la porción de los dedos de la sombra*[137]— explica un método de interpolación lineal para conocer las fracciones de los dígitos. Con la ayuda de una alidada se averiguan los arcos correspondientes a un dígito de la sombra y su fracción y, a continuación, se interpola entre estos dos valores.[138]

Contrariamente algunos valores de senos y tangentes de la tabla de Ibn Muᶜāḏ en el *Kitāb al-maŷhūlāt* y *Liber de crepusculis* están calculados por interpolación cuadrática.[139]

En el segundo *Libro del Astrolabio Llano* se plantea un extenso repertorio de problemas a resolver utilizando el cuadrante de sombras.

13.1. *Medida de alturas*

Los capítulos XLVII, XLVIII, XLIX, L y LI explican diversos procedimientos para calcular alturas *de alguna cosa enfiesta* —el capítulo XLVII propone como ejemplos *torre o campanario o palma*—. Está documentada la utilización del astrolabio con finalidades militares por Enrique de Villena en el asedio a la ciudad de Balaguer. Su objetivo era conocer la longitud de las escaleras a utilizar en el asalto a dicha ciudad, pero parece ser que los resultados no fueron provechosos.[140] El *Kitāb al-ᶜamal* de Ibn al-Ṣaffār

El Pseudo-Maslama, en su cap. XXVIII *In scientia umbre ex latitudine*, págs. 276-77, da la fórmula:

$$status = \frac{\text{sombra}}{12}$$

136. M. V.ª VILLUENDAS: *La trigonometría europea en el siglo XI*, Barcelona, 1979, y J. SAMSÓ: *Notas sobre la trigonometría esférica de Ibn Muᶜāḏ* «Awrāq» 3 (1980), 60-67.

137. Pág. 283.

138. En el texto Pseudo-Māšāllāh 1 u, cap. 42, pág. 230; en Ibn al-Ṣaffār, pág. 41, y en el Pseudo-Maslama, pág. 277, se utiliza también el sistema de interpolación lineal.

139. Apuntado por J. SAMSÓ en *Notas sobre la trigonometría*... y posteriormente confirmado en M. G. DONCEL: *Quadratic Interpolations in Ibn Muᶜādh*, «A.I.H.S.» 32 (1982), 68-76.

140. J. M.ª MILLÀS VALLICROSA: *Medición de alturas en tiempo de Don Enrique de Villena*, «Nuevos Estudios sobre Historia de la Ciencia española», Barcelona, 1960, 287-92. Reproducimos las palabras que la crónica pone en boca de Fernando I cuando Enrique de Villena se equivocó por exceso en la longitud de las escaleras: ...«Hechad vuestro astrolabio en remojo, pues tan mal sacó la medida».

Más referencias a la utilización del astrolabio en actividades bélicas se encuentran en la Crónica de Eiximenis. Cap. CCXCV. Cf. MONREAL y TEJADA: *Ingeniería Militar* hace referencia a la utilización del astrolabio en la medición de minaretes y palmeras. Vemos aquí un reflejo de la aplicación en tierras cristianas de estos métodos previamente practicados en al-Andalus. Esta aplicación también se menciona en los textos de Abraham ben ʿEzra y en el Pseudo-Maslama.[141]

Los diversos procedimientos a seguir responden a las diversas circunstáncias e inconvenientes que se presentan en el momento de efectuar la medición. El procedimiento más sencillo consiste en poner la alidada como diagonal del cuadrante de sombras (fig. n.º 12). En esta posición la sombra *versa* es igual a la *tenduda* (por tanto, tg = cotg), y así ambos catetos son iguales. Situada así la alidada, el observador se moverá adelante y atrás visualizando, a través de las pínulas, la cima del objeto. Una vez en la posición correcta medirá la distancia que lo separa de la base del objeto a la que sumará la propia altura:

> ...«la longura de tu estado et es quanto a de tus oíos a fata la tierra»...

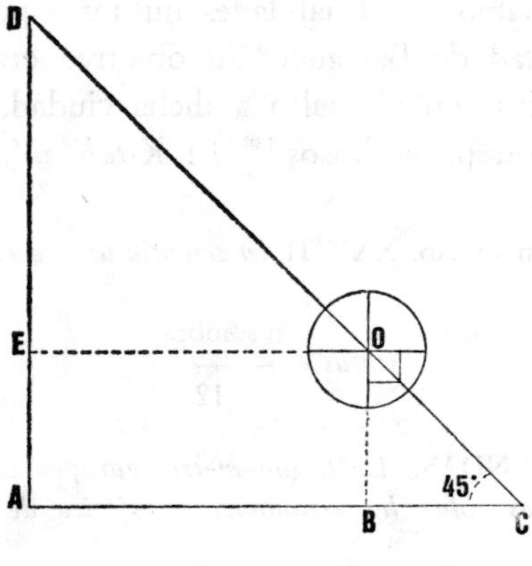

Fig. 12

El resultado de la suma será la altura buscada dado que:

$$OE = ED \qquad AE = OB$$
$$AD = AE + ED = OB + OE$$

en las Crónicas Catalanas, Discurso de ingreso en la R. Academia de Buenas Letras de Barcelona, Barcelona, 1971, 53, not. 75.

141. Pág. 26; pág. 279; págs. 43-44, de Ibn al-Ṣaffār.

El punto C también puede ser determinado sobre el suelo mediante la alidada.[142]

Este método se describe en todos los textos estudiados, a excepción del de Abraham ben ʿEzra.[143]

Para conocer la altura sin utilizar el ángulo de 45°, el capítulo XLVIII [144] proporciona otro procedimiento. En la figura n.° 13 tenemos:

$$\text{cotg}\,\alpha = \frac{OB}{AB}, \text{ de donde } AB = \frac{OB}{\text{cotg}\,\alpha} = \frac{OB\ 12}{\text{sombra «tenduda»}}$$

$$\text{y tg}\,\alpha = \frac{AB}{OB} \text{ de donde}$$

$$AB = \text{tg}\,\alpha\, OB = \frac{12\ \text{tg}\,\alpha\, OB}{12} = \frac{\text{sombra «versa» } OB}{12}$$

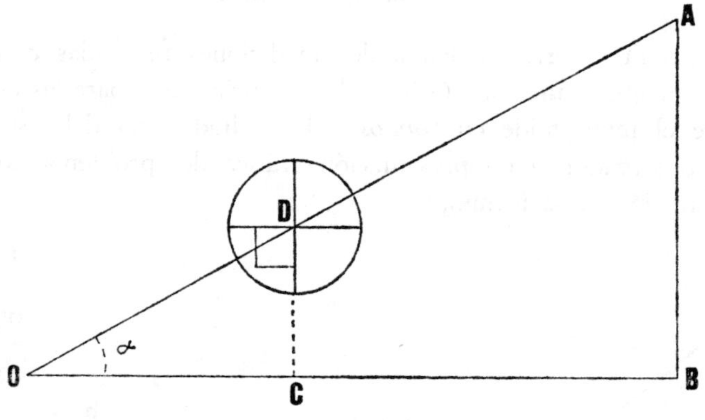

Fig. 13

Según el ángulo que se utilice la alidada caerá sobre la sombra *versa* o la *tenduda* indicando directamente su valor. Así para resolver la incógnita

142. Pág. 283.

143. En el ms. 225 de Ripoll se encuentra el capítulo *Ad altum cum quadra astrolabii inveniendam* (pág. 308), que forma parte de los textos relativos al cuadrante con cursor relacionados con el astrolabio. Pseudo-Māšāllāh 1 u, págs. 230-31; Ibn al-Ṣaffār, págs. 43-44; Pseudo-Maslama, pág. 279.

144. Pág. 284.

es necesario conocer también la distancia desde el observador al objeto *OB*; en el cálculo de esta distancia existe un error, puesto que se suma a *CB* la altura del individuo *CD* cuando se debería sumar *CO*:

> ...«et annade sobrella la longura de tu estado et lo que fuer será la altura dessa cosa enfiesta»...

Este procedimiento se encuentra en los textos Pseudo-Māšāllāh 1 u, Ibn al-Ṣaffār y Pseudo-Maslama. Los tres coinciden en el error alfonsí y señalan que si la alidada cae sobre la sombra *versa* $OB > AB$ y si cae sobre la sombra *tenduda* $OB < AB$.[145]

El capítulo XLIX alfonsí explica cómo calcular la altura de un objeto cuando no se puede conocer la distancia que separa al observador del mismo. Para este objetivo da la siguiente fórmula:

$$h = \frac{O_1O_2 \times 12}{\text{sombra}_2 - \text{sombra}_1}$$

donde las sombras corresponden a dos mediciones realizadas desde lugares distintos mediante la alidada y O_1O_2 es la distancia que separa las dos observaciones, que el texto mide en *cobdos*. Al resultado «h» debe sumársele la altura del observador. La representación gráfica del problema nos conduce a la demostración de la fórmula:

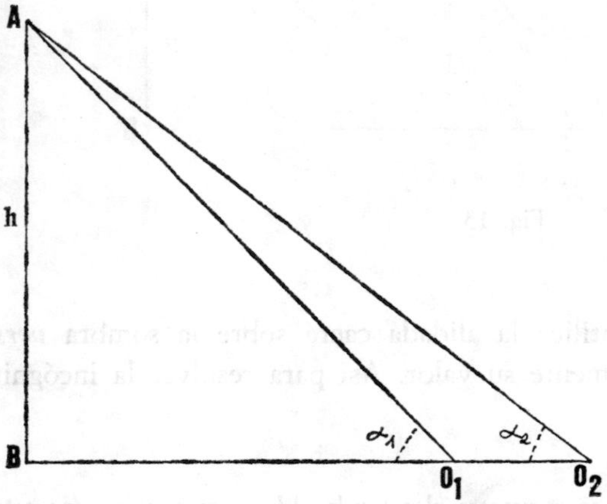

Fig. 14

$$h = \frac{O_1B}{\text{cotg}\ \alpha_1}$$

$$h = \frac{O_2B}{\text{cotg}\ \alpha_2}$$

$$h = \frac{O_1B + O_1O_2}{\text{cotg}\ \alpha_2}$$

$$\frac{O_1B}{\text{cotg}\ \alpha_1} = \frac{O_1B + O_1O_2}{\text{cotg}\ \alpha_2}$$

145. Pseudo-Māšāllāh, pág. 230; Ibn al-Ṣaffār, pág. 43; Pseudo-Maslama, págs. 279-80; A. ᶜEzra, pág. 27.

$$O_1B \ \text{cotg}\ \alpha_2 = \text{cotg}\ \alpha_1\ O_1B + \text{cotg}\,\alpha_1\ O_1O_2$$

$$O_1B\ (\text{cotg}\ \alpha_2 - \text{cotg}\ \alpha_1) = \text{cotg}\ \alpha_1\ O_1O_2$$

$$h = \frac{O_1B}{\text{cotg}\ \alpha_1} = \frac{\dfrac{\text{cotg}\ \alpha_1\ O_1O_2}{\text{cotg}\ \alpha_2 - \text{cotg}\ \alpha_1}}{\text{cotg}\ \alpha_1} = \frac{O_1O_2}{\text{cotg}\ \alpha_2 - \text{cogt}\ \alpha_1}$$

Si se considera que en el astrolabio se trabaja con un gnomon de 12 dígitos la fórmula práctica a aplicar será:

$$\frac{O_1O_2 \times 12}{\text{sombra}_2 - \text{sombra}_1}$$

que también se encuentra implícita en los textos Pseudo-Māšāllāh 1 u, Ibn al-Ṣaffār, Pseudo-Maslama y Abraham ben ᶜEzra.[146]

Este problema puede ser resuelto con la misma fórmula cuando el observador se encuentre sobre el objeto del que quiere tomar la altura, caso en el que al resultado deberá restársele la propia altura.

Sea en primer lugar la situación del capítulo L,[147] en la que el observador puede moverse sobre el objeto, que también aparece en el texto de Abraham ben ᶜEzra.[148]

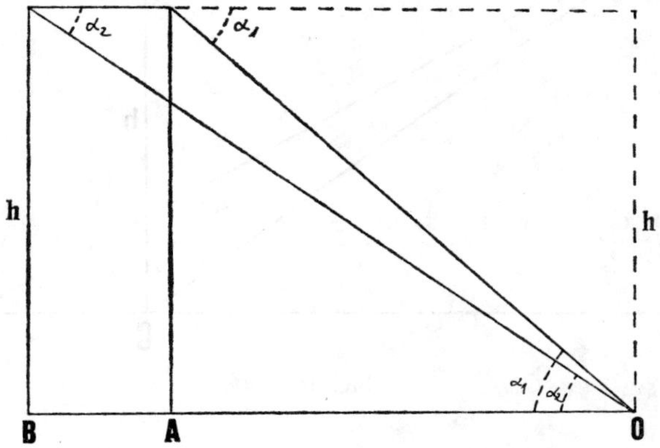

Fig. 15

146. Pág. 231; pág. 44; págs. 279-80; pág. 27.
147. Pág. 285.
148. Pág. 27.

$$h = \frac{OA}{\text{cotg } \alpha_1} = \frac{OA + AB}{\text{cotg } \alpha_2}$$

de donde $OA \text{ cotg } \alpha_2 = \text{cotg } \alpha_1 \; OA + \text{cotg } \alpha_1 \; AB$

$$OA \text{ cotg } \alpha_2 - \text{cotg } \alpha_1 \; OA = \text{cotg } \alpha_1 \; AB$$

$$OA \; (\text{cotg } \alpha_2 - \text{cotg } \alpha_1) = \text{cotg } \alpha_1 \; AB$$

$$OA = \frac{\text{cotg } \alpha_1 \; AB}{\text{cotg } \alpha_2 - \text{cotg } \alpha_1}$$

Por tanto:

$$h = \frac{OA}{\text{cotg } \alpha_1} = \frac{\dfrac{\text{cotg } \alpha_1 \; AB}{\text{cotg } \alpha_2 - \text{cotg } \alpha_1}}{\text{cotg } \alpha_1} = \frac{AB}{\text{cotg } \alpha_2 - \text{cotg } \alpha_1}$$

Sea el caso del capítulo LI,[149] donde el observador permanece inmóvil, caso reflejado también por Abraham ben ʿEzra.[150]

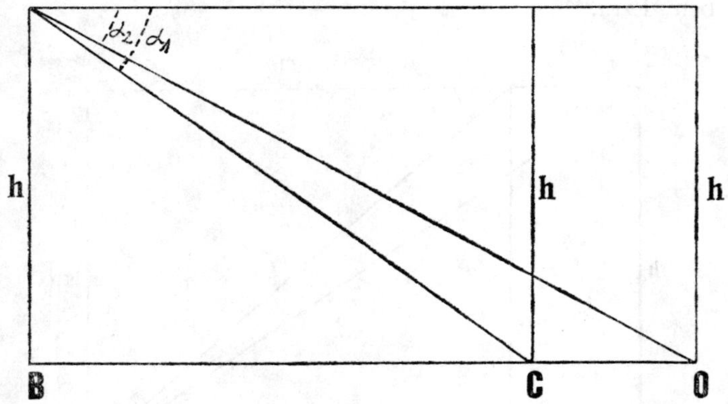

Fig. 16

$$h = \frac{BC}{\text{cotg } \alpha_1} = \frac{BC \;\; CO}{\text{cotg } \alpha_2}$$

149. Pág. 285.
150. Págs. 27-28.

$$BC \operatorname{cotg} \alpha_2 = \operatorname{cotg} \alpha_1\ BC + \operatorname{cotg} \alpha_1\ CO$$

$$BC\ (\operatorname{cotg} \alpha_2 - \operatorname{cotg} \alpha_1) = \operatorname{cotg} \alpha_1\ CO$$

$$BC = \frac{\operatorname{cotg} \alpha_1\ CO}{\operatorname{cotg} \alpha_2 - \operatorname{cotg} \alpha_1}$$

$$h = \frac{\dfrac{\operatorname{cotg} \alpha_1\ CO}{\operatorname{cotg} \alpha_2 - \operatorname{cotg} \alpha_1}}{\operatorname{cotg} \alpha_1} = \frac{CO}{\operatorname{cotg} \alpha_2 - \operatorname{cotg} \alpha_1}$$

El capítulo LV alfonsí —*De saber quánto es fondo un pozo qual quisieres* [151]—nos facilita la medida de profundidades (fig n.º 17) mediante la fórmula $h = 2\,R \operatorname{cotg} \alpha$ dado que

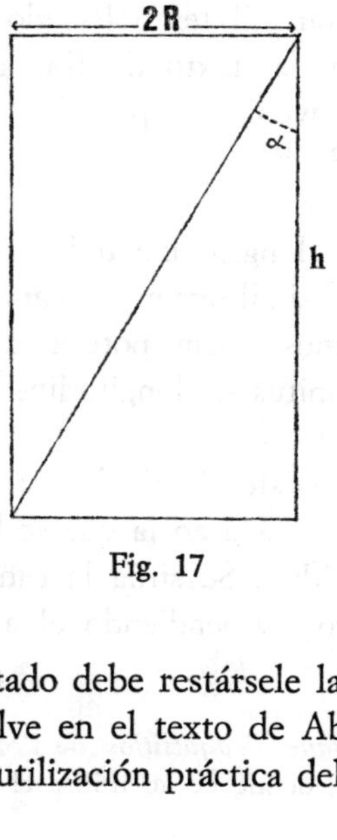

$$\operatorname{cotg} \alpha = \frac{h}{2\,R}$$

Fig. 17

Al resultado debe restársele la altura del individuo. Este problema también se resuelve en el texto de Abraham ben ᶜEzra.[152] Creemos ver en este capítulo una utilización práctica del astrolabio para resolver problemas comu-

151. Pág. 287.
Según J. SAMSÓ en *Nota acerca de cinco manuscritos sobre astrolabio,* «Al-Andalus» 31 (1966), 385-92, los ms. 85 R (fol. 47 b) y el ms. 2843 (fol. 255 b) de la Biblioteca ᶜAbdaliyya, de Túnez, contienen sendos capítulos sobre la profundidad de pozos. Recordemos que estos manuscritos corresponden al texto de Ibn al-Ṣaffār y estos capítulos son precisamente una adición a este texto.
152. Pág. 28.

nes en la aplicación de técnicas hidráulicas árabes. Pensamos concretamente en la captación de aguas subterráneas mediante *qanāt*-s, donde es necesario determinar la profundidad de los diversos pozos para conocer el desnivel existente entre ellos con objeto de que el agua se deslice sobre una mínima pendiente a lo largo del túnel principal.[153] También se aplicaría a la conducción de aguas superficiales a través de acequias. Se encuentran explícitas referencias a esta aplicación en el texto de Ibn al-Ṣaffār, según la traducción de Millàs Vallicrosa:

> «D'aquesta faisò hom transporta l'aigua d'un lloc a l'altre, sabent la distància i la diferència d'altura entre el lloc en el qual es troba l'aigua i el punt on volem portar-la» (*Assaig,* pág. 45).

Millàs Vallicrosa, al traducir este texto añade una nota indicando que siguen en el manuscrito un par de líneas ininteligibles. Disponemos, no obstante, del texto latino Pseudo-Maslama que, como se ha dicho repetidamente, corresponde al texto de Ibn al-Ṣaffār. El texto Pseudo-Maslama, en su capítulo 34 [154] completa la información del texto de Ibn al-Ṣaffār indicando las pendientes máxima y mínima convenientes para la conducción de aguas, que oscilan entre el 10 % y el 1 %: [155]

> ...«et scies quantum cadet ex ea longitudine unicuique X cubitorum vel plus erit hoc leuius ei similiter in C cupitis usque ad explectionem longitudinis et minus quam poterit esse descensio erit cubitus unus ad omnes C cubitus ex longitudine».[156]

El sistema utilizado para conocer si existe desnivel entre dos lugares determinados se basa en la utilización de una caña en la que se ha practicado una señal a la altura de la vista del individuo. Se sitúa la caña en uno de los dos lugares y el observador en el otro, suspendiendo el astrolabio con

153. E. GOBLOT: *Les Qanāts, une technique d'adquisition de l'eau,* París, 1979. Describe los diversos métodos utilizados en Irán, donde no se utiliza el astrolabio para este fin.

154. Pág. 287.

155. Son pendientes excesivamente pronunciadas para ser utilizadas en el túnel principal de un *qanāt.* GOBLOT cita pendientes iraníes de incluso un 1 0/00.

156. Este texto se encuentra idénticamente en el capítulo 29 del tratado de astrolabio de Raimundo de Marsella. Ed. E. POULLE: *Le traité d'astrolabe de Raymond de Marseille,* «Studi Medievali» 5 (1964), 866-909. Este capítulo es textual a los del Pseudo-Maslama e Ibn al-Ṣaffār.

la alidada horizontal y observando a través de las pínulas la señal de la caña. Si la alidada permanece horizontal no existe pendiente.

H. Goblot, en su trabajo sobre los *qanāt*-s describe un método muy parecido al anterior para calcular desniveles, aplicándolo a las distintas alturas de cada pozo.[157] El sistema consiste en una plomada que cuelga sobre la boca del pozo más alto y que lleva incorporado un tubo perpendicular a la vertical que mantiene (fig. n.° 18). Este tubo hace las veces de alidada.

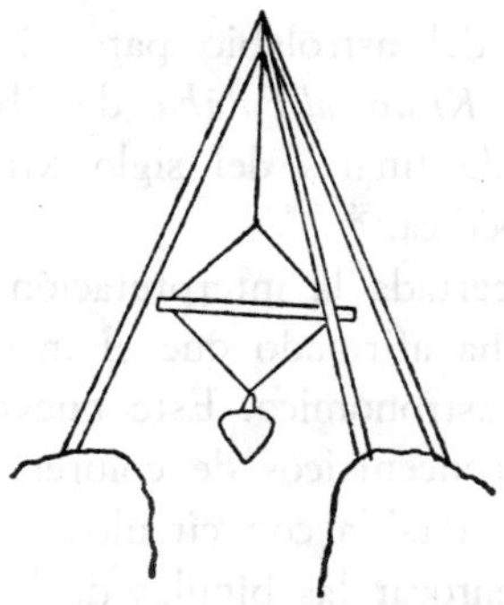

Fig. 18

La altura sobre el pozo más bajo se conocerá mediante una caña situada en posición vertical sobre este pozo o con una cuerda colgada más arriba del nivel y con un peso al extremo.

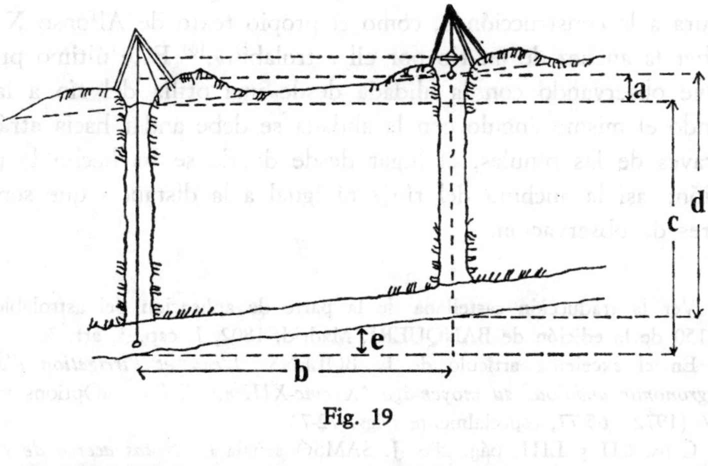

Fig. 19

157. H. GOBLOT cita la publicación de M. A. BUTLER: *Irrigation in Persia by Kanāts,* «Civil Engineering» 3 (2) (1933), 68-73. El propio GOBLOT señala que este es un sistema refinado del que no se ha podido encontrar ejemplos.

Si conocemos la diferencia de alturas entre las bocas de dos pozos del *qanāt* *(a)*, la distancia que los separa *(b)* y la profundidad de uno de ellos*(c)*, podemos calcular la profundidad que deberá tener el otro *(d)* para construir el túnel principal con una determinada pendiente:

$$\frac{(c + a) - d}{b}$$

La aplicación agronómica del astrolabio para el cálculo de pendientes se encuentra reflejada en el *Kitāb al-Falāḥa* de Ibn al-ᶜAwwām, agrónomo andalusí más importante de finales del siglo XII, que recoge la tradición anterior de forma enciclopédica.[158]

Consideramos poco acertada la interpretación que se ha dado al pasaje de Ibn al-ᶜAwwām.[159] Se ha afirmado que el instrumento que se utiliza es un astrolabio distinto del astronómico. Este nuevo instrumento recibiría su nombre de unos círculos concéntricos de colores que se han trazado sobre una tabla. No obstante, esta tabla con círculos concéntricos se utiliza como punto de referencia para enfocar las pínulas de la alidada desde el lugar en que se quieren medir pendientes, aplicación que acabamos de describir del dorso del astrolabio.

13.2. *Medición de distancias*

La medición de distancias es útil para múltiples actividades, desde la agrimensura a la construcción o, como el propio texto de Alfonso X indica, «pora saber la anchez de un rio por ell astrolabio».[160] Este último problema se resuelve observando con la alidada desde una orilla del río a la otra; conservando el mismo ángulo con la alidada se debe andar hacia atrás hasta ver, a través de las pínulas, el lugar desde donde se ha hecho la primera observación; así la anchura del río será igual a la distancia que separa los dos lugares de observación.

158. Ver la traducción castellana de la parte de aplicación del astrolabio en las págs. 148-150 de la edición de BANQUERI, Madrid, 1802, I, cap. 3, art. 3.

159. En el excelente artículo de L. BOLENS: *L'eau et l'irrigation d'après les traités d'agronomie andalous au moyen-âge (XIème-XIIème siècles)*, «Options mediterranéenes» 16 (1972), 65-77, especialmente págs. 72-73.

160. Caps. LII y LIII, pág. 286. J. SAMSÓ señala en *Notas acerca de cinco manuscritos*... que existen sendos capítulos sobre la anchura de un río en los ms. 85 R (fol. 47 b) y ms. 2843 (fol. 256 a) de la Biblioteca ᶜAbdaliyya, de Túnez, ambos integrados en el texto de Ibn al-Ṣaffār.

Véase la figura n.º 20, donde

BC = anchura del río.
C = lugar de la primera observación.
D = lugar de la segunda observación.
$BC = CD$.

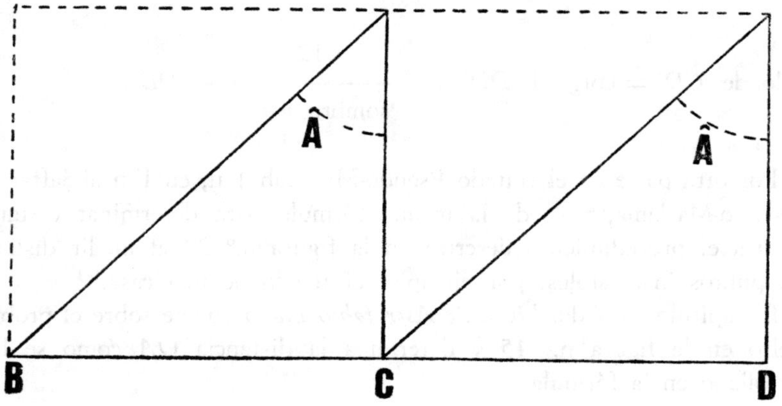

Fig. 20

El mismo problema se resuelve en el texto de Abraham ben ʿEzra,[161] esta vez con la fórmula:

$$\text{anchura del río} = \frac{12}{\text{sombra } \textit{versa}} \times \text{altura del observador}.$$

Como muestra la figura:

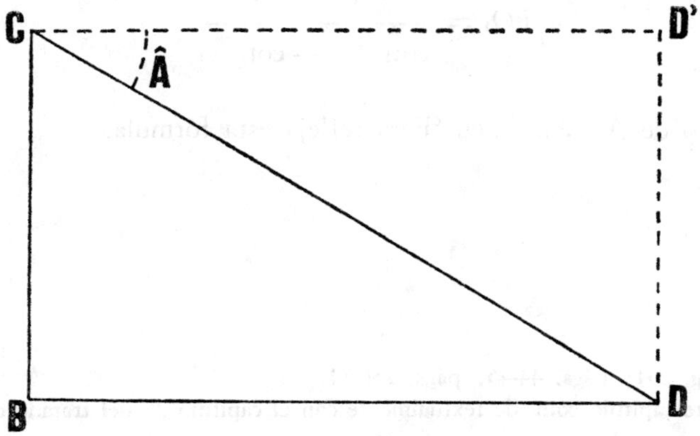

Fig. 21

161. Pág. 28.

$$\text{cotg } \hat{A} = \frac{12}{\text{sombra } \textit{versa}}$$

$$\text{cotg } \hat{A} = \frac{CD'}{DD'}$$

$$\text{de donde } CD' = \text{cotg } \hat{A} \; DD' = \frac{12}{\text{sombra } \textit{versa}} \; DD'$$

Por otra parte en el tratado Pseudo-Māšāllāh 1 u, en Ibn al-Ṣaffār y en el Pseudo-Maslama,[162] se da la misma fórmula para determinar distancias. Se aplica el procedimiento descrito en la figura n.º 20 al medir distancias entre puntos inaccesibles, por ejemplo, el tejado de una casa.[163]

El capítulo LIII del *Libro de Astrolabio Llano* vuelve sobre el problema resuelto en la figura n.º 15 y determina la distancia *OA* como se había desarrollado en la fórmula

$$OA = \frac{\text{cotg } \hat{A}_1 \; AB}{\text{cotg } \hat{A}_2 - \text{cotg } \hat{A}_1}$$

También los capítulos XLIX y LIV [164] vuelven a la situación planteada en la figura n.º 15, concluyendo, como se vio, que

$$BO_1 = \frac{\text{cotg } \hat{A}_1 \; O_1O_2}{\text{cotg } \hat{A}_2 - \text{cotg } \hat{A}_1}$$

El texto de Abraham ben ʿEzra refleja esta fórmula.[165]

162. Pág. 231; págs. 44-45; págs. 280-81.
163. Este capítulo coincide textualmente con el capítulo 28 del tratado de Raimundo de Marsella, pág. 899.
164. Págs. 284-85 y 287.
165. Pág. 27.

14. Cómo conocer la feria de los meses cristianos y árabes

Los capítulos VI y VII [166] del segundo *Libro de Astrolabio Llano* se dedican a saber en qué día de la semana comenzará un mes determinado.

En el caso de los meses cristianos, el procedimiento consiste en sumar a la feria en la que entró el mes de enero una característica llamada *sennal* particular para cada mes, obteniéndose como resultado el día de la semana en que se inicia el mes que nos interesa:

> «et comiença a contar del dia en que entró yenero en aquel anno et do se acabar el quento de la sennal del mes, sabrás que y comiença el mes que tu quisieres» (cap. VI).

Las características que se dan para el cálculo son:

Febrero	4	Agosto	3
Marzo	4	Septiembre	6
Abril	7	Octubre	8
Mayo	2	Noviembre	4
Junio	5	Diciembre	6
Julio	7		

Debe tenerse en cuenta que en los años bisiestos se añadirá un día más al cálculo a partir del mes de marzo.

Para calcular la feria de los meses árabes se da otra lista de características:

Safar	*Ṣafar*	3	Xahben	*Šaʿban*	5
Raheb Iº	*Rabīʿ I*	4	Ramadan	*Ramaḍān*	6
Raheb IIº	*Rabīʿ II*	6	Savel	*Šawwāl*	1
Jumet Iº	*Ŷumādā I*	7	Dequihda	*Ḏū-l-qaʿda*	2
Jumet IIº	*Ŷumādā II*	2	Vehaia	*Ḏū-l-ḥiŷŷa*	4
Rajah	*Raŷab*	3			

La característica debe sumarse al día de la semana en que empieza *almoharran (al-muḥarram)*, empezando a contar incluyendo este día en la característica. El capítulo VII acaba añadiendo:

> «et en saber el començamiento de los meses moriscos non faz fuerça ell anno bisiesto porque crescen el dia de bisiesto a la fin dell anno».

166. Págs. 265-66.

Sobre la tradición de este tipo de cómputo de ferias en al-Andalus poco podemos aportar de nuevo a lo que ya expuso J. Samsó:[167] el cálculo de las ferias se encuentra en el *Calendario de Córdoba;* en el *zīŷ* de al-Jwārizmī-Maslama; en las *Tablas de Toledo* y en el *Almanaque* de Azarquiel. Esta tradición computística remonta hasta astrónomos orientales como al-Fazārī (de la segunda mitad del siglo VIII).

Más adelante aportamos unas referencias que aparecen en el capítulo XL del Pseudo-Maslama, capítulo que no existe en el texto de Ibn al-Ṣaffār ni en el Pseudo-Māšāllāh 1 u.[168] Una vez conocido el primer día del año:

> «cum volueris scire introitum ceterorum mensium ex eodem anno accipe notam mensis quem volueris scire qui est numerus scriptus sub mensibus a die que ingressus est iannuarius, et da uniquique diei cum quosque finiatur numerus».

Por tanto, parece razonable pensar que las características se encuentran inscritas en el círculo de los meses del dorso del astrolabio que se utiliza.

En lo concerniente a los años bisiestos, el mismo capítulo indica que el día de más se añade al fin del mes de diciembre:

> «Tunc scies quia decembris qui est novissimus ipsius anni erit in eodem anno ex XXXII diebus.»

Esta costumbre se cita en el *Calendario de Córdoba.*[169] También la menciona Abraham ben ʿEzra en los *Fundamentos de las Tablas astronómicas,* donde la atribuye a «cristianos que viven en tierras de sarracenos».[170] Neuge-

167. J. SAMSÓ: *Tres notas sobre astronomía...*, 170-74.

168. Pág. 284. También se encuentra en un tratado atribuido a Platon Tiburtinus, en el ms. Digby 51 según P. KUNITZSCH en *On the authenticity of the treatise...* 52. Según indica J. SAMSÓ en *Nota acerca de cinco manuscritos...* el ms. 2842 (fol. 256 a) y el ms. 85 R (fol. 49 a) de la B. ʿAbdaliyya contienen sendos capítulos que convendría relacionar directamente con el citado del texto Pseudo-Maslama. Parece ser, no obstante, que uno se refiere a un calendario perpetuo dibujado en el dorso y el otro a cómputo.

169. R. DOZY y CH. PELLAT: *Le Calendrier de Cordoue,* Leiden, 1961, 16-17. El texto árabe le atribuye a los no árabes *(ʿaŷam);* Gerardo de Crémona traduce *Latini.* El ms. 167 de Vic, que contiene una versión latina del *Calendario de Córdoba,* da la expresión *romani,* J. MARTÍNEZ GÁZQUEZ y J. SAMSÓ en *Una nueva traducción latina del Calendario de Córdoba (siglo XII),* «Textos y Estudios sobre astronomía española en el siglo XIII» (Barcelona, 1981), 9-78, cf. pág. 21.

170. J. M.ª MILLÁS VALLICROSA: *El Libro de los fundamentos...*, págs. 74, 126.

bauer opinó, sin embargo, que estos cristianos no son «mozárabes» andalusíes, sino *Chotensian christians* que no identifica.[171]

El capítulo XL del Pseudo-Maslama al que nos hemos referido va más lejos y aporta un método para conocer el día de la semana en que se inicia el mes de enero de cualquier año. Se basa en el ciclo solar de 28 años, reflejado en el *ziŷ* de al-Jwārizmī-Maslama, en las *Tablas de Toledo* y el *Almanaque* de Azarquiel.[172] El método consiste en dividir el año cristiano del que se quiere conocer la feria por 28, el resto de la división nos indica la posición que ocupa ese año dentro del ciclo solar. La característica correspondiente a ese año se encuentra:

> «in circulo superiori ex rota ad hoc constituta, et accipe quod sub eo est ex numero in circulo secundo».

Conocida esta característica se empieza a contar a partir de domingo y el día obtenido será la feria de enero de aquel año.

El procedimiento parece correcto pues parte de la base de que el año primero de la Era Cristiana *(annus Xristi)* fue el primero también del ciclo solar, empezando en domingo.

En el propio capítulo XL del Pseudo-Maslama se encuentran algunos ejemplos de cálculo de la fecha islámica en que se inició un año cristiano. Así:

1 enero 1023 = 8 *šawwāl* 413 (fue el 5 *šawwāl*.
1 enero 1026 = 10 *d̲u-l-qaᶜda* 416 (fue el 9 *d̲ū-l-qaᶜda*).
1 enero 1029 = 13 *d̲ū-l-ḥiŷŷa* 419 (fue el 12 *d̲ū-l-ḥiŷŷa*).
1 enero 1030 = 22 *d̲ū-l-ḥiŷŷa* 420 (fue efectivamente en esta fecha).
1 enero 1031 = 5 *muḥarram* 422 (fue el 4 *muḥarram*).

Con esta serie de ejemplos se explica que el año 421 de la Hégira se encuentra íntegro en el año 1030 de la Era Cristiana, es decir, 1030 empieza en 420 y acaba en 422.

> «et tum intraverit annus CCCCXXI»...

171. O. NEUGEBAUER: *The astronomical Tables of...*, pág. 224, not. 25. Ibn Muᶜād̲ apunta otro argumento a favor de que fueran los cristianos en tierras de al-Andalus quienes intercalaban el día de bisiesto al fin de diciembre en sus *Tábulas de Jaén*, M.ª V. VILLUENDAS: *La trigonometría europea...*, pág. XXV.

...«Las gentes de nuestro país por cierto añaden el día intercalar al final de diciembre, el cual consta, entonces de 32 días.»

172. J. SAMSÓ: *Tres notas sobre astronomía hispánica...*, pág. 171.

A partir de esta fecha se suceden años cristianos y musulmanes.

> ...«et ex CCCCXXII incipies dare unicuique anno lunari anno solarem...».

Así hasta finales del año 1063 de la Era Cristiana, que se inicia en el 454 de la Hégira, y acaba en el 456.

Estos datos constituyen un ejemplo práctico de conversión de fechas musulmanas y cristianas que pueden servir para fechar aproximadamente el manuscrito original en la primera mitad del siglo XI, datación que se adaptaría a la cronología de Ibn al-Ṣaffār (m. 1034).

15. Conclusiones

Deseamos en este apartado volver sobre las conclusiones que exponíamos en nuestro trabajo anterior [173] sobre los tratados de construcción de astrolabio que acompañan a los de uso que hemos analizado. Consideramos de interés precisar algunas de aquellas conclusiones desde la nueva perspectiva que supone incluir los tratados de uso. Procedemos en primer lugar a dar una lista de los tratados de construcción a los que nos referiremos:

1. Manuscrito 225 del *Scriptorium* de Ripoll:
— El texto *De mensura astrolapsus,* traducción directa del árabe. Lo denominamos como entonces h'', siguiendo a Millàs Vallicrosa.[174]
— El texto *De mensura astrolabii,* reelaboración latina del texto anterior que se denomina h'.[175]
— El texto *De Astrolabii compositione* —h'''— refundición de los textos J', h' y J de Ripoll.[176]
2. Las notas al *Planisferio* de Ptolomeo de Maslama al-Maŷrīṭī.[177]
3. El texto *De compositione astrolabii* editado por R. T. Gunther,[178] que denominamos Pseudo-Māšāllāh 1 c, es decir, de construcción.

173. Cf. supra nota 1.
174. *Assaig,* págs. 293-95.
175. *Assaig,* págs. 296-302.
176. *Assaig,* págs. 308-315.
177. J. VERNET y M.ª A. CATALÀ: *Las obras matemáticas de Maslama de Madrid,* «Al-Andalus» 30 (1965), 15-47. Reed. en «Estudios sobre Historia de la Ciencia Medieval» (Barcelona-Bellaterra, 1979), 241-71.
178. *Chaucer and Messahalla...,* 195-231.

4. El *tratado sobre construcción del astrolabio planisférico de Māšāllāh en traducción o recensión latina anónima probablemente de Johannes Hispanus* (perdido el original árabe) que denominaremos Pseudo-Māšāllāh 2 c.[179]

5. El *tratado de construcción del astrolabio planisférico probablemente de Johannes Hispanus* al que nos referiremos como de Johannes Hispanus.[180]

6. El tratado de construcción de astrolabio de Alfonso X el Sabio, primer *Libro de Astrolabio Llano.*[181]

15.1. *Los textos de Ripoll*

15.1.1. *Los textos de construcción*

En el estudio del texto h" pudimos constatar que se trata verdaderamente de una traducción directa del árabe, incompleta como tratado de construcción de astrolabio. Algunos de los sistemas de construcción que presenta son deficientes, nos referimos especialmente a la división de la eclíptica en signos zodiacales.[182] Podemos suponer también que exista algún añadido como puede ser la proyección del horizonte para una latitud de 42°.

El texto h' no se presenta tan claramente como traducción directa del árabe. Incompleto en sí mismo, trata cuestiones distintas del h" omitiendo algunas de las que se ocupa este último. En el h' aparecen también métodos deficientes como son la construcción del cuadrante de sombras, el calendario zodiacal o el confuso método de proyección de estrellas. Recordemos que este tratado contiene una tabla de estrellas cuyos valores de mediación coinciden con los de Maslama al-Maŷrīṭī. Quizás esta coincidencia indujo a M. Destombes[183] a considerar que el texto podía ser una traducción latina de las notas al *Planisferio* de Ptolomeo de Maslama al-Maŷrīṭī, entonces inéditas. Y tal vez debiera considerarse como una adición al texto el prólogo que lo acompaña.

El texto h"', más elaborado que los anteriores, está lejos de ser una traducción del árabe. Más descriptivo que los otros, los complementa en cierta manera. Viene a confirmar el sistema de división de la eclíptica de h' y posiblemente de h".

Si bien estos textos en su conjunto reúnen todos los elementos necesa-

179. *Las Traducciones Orientales...*, 313-21.
180. *Las Traducciones Orientales...*, 322-27.
181. *Libros* II, 224-52.
182. M. VILADRICH y R. MARTÍ: *En torno a los tratados hispánicos...*, 89-94.
183. M. DESTOMBES: *Un astrolabe carolingien et l'origine de nos chiffres arabes*, «A.I.H.S.» (1962), 3-45, cf. 23-24.

rios para construir un astrolabio, la imprecisión de los métodos utilizados y la deficiente claridad de exposición de los mismos hacen que su utilidad práctica sea muy reducida. Parece casi imposible construir un astrolabio con estas primeras traducciones.

15.1.2. *El texto de uso de astrolabio*

De entre los textos de uso de Ripoll sólo hemos utilizado el J' que se ha manifestado como traducción directa del árabe y que analizamos por *Incipits*.

— El *Incipit* B trata de la descripción de las piezas y partes del astrolabio muy detalladamente. Una descripción tan precisa sólo se encuentra en el *Libro de Astrolabio Llano*.

— El *Incipit* C trata muy especialmente problemas relativos al cómputo del tiempo —las horas del día, los días de los meses, los meses del año— en relación a los movimientos astronómicos. Esto justifica la utilidad que se atribuye al astrolabio en un prólogo [184] probablemente de Llobet, de Barcelona, donde se dice textualmente:

> «Hec etiam disciplina tam nobilis tamque utilis, quam sit necessaria in officiis eclesiasticis, prudens animus deliberare potest dum qui hac caruerit divinum possit ad implere servitium.»

Presenta algunas adiciones como el pasaje *Ut de horis tortis facias rectas* y *Quomodo turnas horas rectas ad horas tortas*. Otra adición al final del *Incipit* confirma la imposibilidad de construir un astrolabio con las traducciones latinas a que nos hemos referido, pues permite detectar claramente la utilización de astrolabios árabes.[185]

> «Hec est figura interpretationis verborum arabicorum in latinum que sunt in astrolapsu. Nam in circulo maximo scripta sunt nomina

184. *Assaig*, págs. 271-75.

185. Pág. 288. Sobre la utilización de astrolabios árabes señala E. POULLE... «il faut en particulier s'imposer de voire les traités des xe-xie siècles avec un œil neuf, car force est alors de constater que certains des aménagements qui deviendront ensuite classiques (présence du carré des ombres, ou des heures égales du dos, multiplicité des tympans) ne sont pas encore en usage... Il est possible mais ce n'est qu'une hypothèse, que les astronomes occidentaux n'aient alors eu entre les mains que des instruments arabes». En *Les Sources Astronomiques (Textes, Tables, Instruments)*. «Typologie des Sources du Moyen Âge Occidental» (1981), cf. 29-30.

> litterarum arabicarum scilicet earum quas subtus in secundo uides circulo in tercio autem circulo numerum uides ipsarum super scriptarum litterarum ad singulas quasque subscriptum. In superficie interiori eiusdem tabula nomina similiter litterarum et numerum uides et nomina horarum et alia que ibi uides.»

También el pasaje siguiente *De alio horologio* es una adición a la traducción latina.

— El *Incipit* D continúa refiriéndose a problemas relativos al conocimiento de las horas.

— El *Incipit* E contiene una tabla de climas que representa un primer testimonio del conocimiento en Occidente de la tabla de climas que Ptolomeo facilita en el *Almagesto.*[186]

15.2. *Textos de la escuela de Maslama al-Maŷrīṭī*

15.2.1. *El texto Pseudo-Māšāllāh 1 c*

En relación a este tratado subscribimos la división que del mismo estableció P. Kunitzsch en su artículo: *On the authenticity of the treatise on the composition and use of the astrolabe ascribed to Messahalla:*[187] el *Prohemium* es una traducción literal de un original árabe de un tratado anónimo que se encuentra en el ms. Aya Sofia 2671 (fols. 133 v-150 r) que probablemente deba ser atribuido a Azarquiel. Para la sección de los capítulos I-6 aceptamos que forman un grupo a parte. Afirma Kunitzsch que: «these chapters did not originally form part of the present book, and that they were compiled "from several treatises"». Los capítulos de la sección 7-16 constituyen otro grupo uniforme y ordenado que el propio texto atribuye a Maslama: «Finit opus astrolabii secundum Marcellania». No obstante, P. Kunitzsch expone sus dudas sobre esta atribución dejando claro que: «no specified author, either Arabic or Latin, can be named for this section of *De compositione*». La sección 7-12 es un grupo de adiciones posteriores en distintos estadios no anteriores a la segunda mitad del siglo XIII.

Por nuestra parte podemos aportar que el grupo de capítulos I-6 constituyen un detallado repertorio de los diversos elementos del dorso, la madre y la alidada del astrolabio. Entre ellos destaca la construcción de la alidada

186. Sobre esta tabla cf. R. MARTÍ y M. VILADRICH: *Las tablas de climas en los tratados de astrolabio del manuscrito 225 del Scriptorium de Ripoll.* «LLULL» Boletín de la Sociedad Española de Historia de las Ciencias IV, 1981, 117-122.

187. En «A.I.H.S.» 31 (1981), 43-48.

horaria, accesorio que se utiliza en el texto de uso de Ibn al-Ṣaffār, problema del que no nos hemos ocupado en estas páginas. La infrecuente utilización de este accesorio nos conduce a pensar que este texto pueda ser traducción de un original de la escuela de Maslama. En cambio, la escueta descripción del diagrama de horas temporales —la utilización de éste no se encuentra en Ibn al-Ṣaffār— nos confirma que este pasaje es una adición posterior. A excepción del diagrama de las horas, la sección 1-6 provendría de un mismo original árabe.

En cuanto a la sección 7-16, la relación textual que establecimos [188] entre estos capítulos y sus correspondientes en el libro alfonsí nos lleva a afirmar, por nuestra parte, que esta sección del *De compositione Astrolabii* (Pseudo-Māšāllāh 1 c) pertenece a la escuela de Maslama al-Maŷrīṭī.

15.2.2. *Pseudo-Māšāllāh 2 c*

Está compuesto por:

— Un prólogo bastante elaborado que se inicia «Qualiter circulum in spera ymaginandi sunt...» y que podría ser propio del traductor.

— La parte de construcción de la araña y las láminas de latitud, que no podemos relacionar con el Pseudo-Māšāllāh 1 c (caps. 7-16) dado que utiliza métodos distintos para el trazado de acimutes, líneas de la aurora y el crepúsculo y proyección de estrellas. Esta parte puede relacionarse, no obstante, con los textos de Ripoll h' (tabla de estrellas y proyección) y h'' (etimología de astrolabio).

— La construcción del dorso, «Nunc quoniam que premissimus breviter secundum possibilitatem ingenii...» puede identificarse textualmente con algunos de los capítulos que a la cuestión ha dedicado el Pseudo-Māšāllāh 1 c (1-6) —el calendario zodiacal y la alidada horaria—.

Millàs Vallicrosa, al editar el texto, señalaba que éste solía presentarse acompañado de un tratado de uso de astrolabio, que podríamos denominar Pseudo-Māšāllāh 2 u, que se inicia como el Pseudo-Māšāllāh 1 u.[189]

Pseudo-Māšāllāh 2 c y Pseudo-Māšāllāh 2 u forman un conjunto y el

188. M. VILADRICH y R. MARTÍ: *En torno a los tratados hispánicos...*, 82 y ss.
189. *Assaig*, págs. 154-55, y en *Traducciones Orientales...*, 171.
No hemos podido utilizar este texto que no fue editado.
Sin embargo, su *Incipit* es revelador:

Pseudo-Māšāllāh 2 u	Pseudo-Māšāllāh 1 u
«Nomina instrumentorum hec sunt. Primum est armilla suspensoria...»	«Nomina instrumentorum sunt hec. Primum est armilla suspensoria...»

texto de uso está directamente relacionado con Ibn al-Ṣaffār. El problema fundamental lo plantea la paternidad del texto de construcción que, en su parte relativa al dorso, creemos proveniente de la escuela de Maslama.

15.2.3. *Ibn al-Ṣaffār*

El *Kitāb al-ᶜamal bi-l-asṭurlāb* de Ibn al-Ṣaffār, al que nos hemos referido según la traducción catalana de Millàs Vallicrosa, es un texto legítimo de la escuela de Maslama muy útil y fiable. Trata extensamente las cuestiones relativas a trigonometría a desenvolver con el cuadrante de sombras y los sistemas del conocimiento del transcurso de las horas. Nos informa del conocimiento en al-Andalus de las obras de Ptolomeo, pues alude concretamente a la *Geografía.*

Incluso se puede tener la certeza del éxito de este tratado y de su posterior difusión tanto en ámbito de la cultura latina —comprobamos que Raimundo de Marsella reproduce algunos de sus capítulos casi textualmente—, como en ámbito musulmán —se encuentra en algunos manuscritos de la Biblioteca ᶜAbdaliyya de Túnez presentando algunos capítulos añadidos—. También el tratado de Ibn al-Naṯṯāḥ, que no hemos trabajado, parece guardar estrecha relación con este *Kitāb al-ᶜamal.*

15.2.4. *Pseudo-Maslama*

Una traducción latina del texto de Ibn al-Ṣaffār constituye la obra a la que nos hemos referido como Pseudo-Maslama que presenta tan sólo un añadido: el capítulo XL. Con el estudio de este capítulo llegábamos a concluir que debía integrarse también en la obra de Ibn al-Ṣaffār, hecho que se ve confirmado por la existencia del pasaje en otros manuscritos de la Biblioteca ᶜAbdaliyya.

15.2.5. *Pseudo-Māšāllāh 1 u*

En cuanto a este texto P. Kunitzsch lo considera como una reelaboración posterior a partir de la traducción latina (Pseudo-Maslama) del tratado de Ibn al-Ṣaffār, aludiendo a una serie de ejemplos donde se yuxtaponen frases idénticas.[190] Apunta que el Pseudo-Māšāllāh 1 u sólo puede ser una fabricación occidental a partir del Pseudo-Maslama ya ampliado, ya reducido. También nosotros queremos hacer referencia a los capítulos que consideramos

190. *On the authenticity...*, pág. 53.

añadidos: los relativos a la luna y los planetas (caps. 33, 34, 35); al diagrama de horas temporales del dorso (cap. 12) y a la proyección de rayos (cap. 39) que no hemos analizado aquí; y los capítulos 23, 25, 31, 38.

15.3. *Textos posiblemente elaborados por traductores*

15.3.1. *El texto de Johannes Hispanus*

El texto de construcción atribuido a Johannes Hispanus no fue editado íntegramente por Millàs Vallicrosa, hecho que dificulta su estudio. Puede tratarse de una elaboración de Johannes Hispanus, con materiales diversos que a veces coinciden con los contenidos del Pseudo-Māšāllāh 2 c —acimutes, líneas de la aurora y el crepúsculo—. Convendría, no obstante, un estudio minucioso de los materiales no incluidos en la edición: no disponemos de la parte referente al dorso del astrolabio que acaba en el fol. 48 v. del ms. XLVI de la edición de Millàs con el *explicit ...in regula astrolabii et pone initium prime ad radicem tabelle quemadmodum vides in hac figura.* El mismo *explicit* se encuentra al final del capítulo 5 del Pseudo-Māšāllāh 1 c: *...in regulam, et pone inicium regule iuxta radicem tabule ut patet quemadmodum vides in hac figura.*

Recordamos que el capítulo 5 del Pseudo-Māšāllāh 1 c trataba de la construcción de la alidada horaria y que coincidía textualmente con parte del texto Pseudo-Māšāllāh 2 c donde se encuentra el *explicit* al que nos hemos referido.

El tratado de construcción de Johannes Hispanus, en el manuscrito que utilizó Millàs, está acompañado de un texto de uso truncado que coincide textualmente con el capítulo I del Pseudo-Maslama.

15.4. *Textos alfonsíes*

15.4.1. *Libro de construcción*

Como destacábamos en el trabajo anterior, al que nos hemos referido, sus capítulos III al IX, que tratan de la araña y las láminas de latitud, coinciden con la sección 7-16 del Pseudo-Māšāllāh 1 c.

El resto de capítulos contribuyen a dar claridad de exposición al conjunto. Conviene señalar que la parte que se ocupa de la construcción del dorso (caps. XV-XVII) es bastante reducida si se tiene en cuenta el extenso repertorio de elementos que contiene ya en la escuela de Maslama. En general, todos estos capítulos, si bien no presentan paralelismos textuales, aparecen bien sistematizados en el texto Pseudo-Māšāllāh 1 c.

15.4.2. *Libro de uso*

Contiene una serie de capítulos (I-V) que presentan una descripción detallada del instrumento, tan completa como la del *Incipit* B del texto J' de Ripoll, pero no relacionable con ésta.

La práctica totalidad de los capítulos describen métodos ya incluidos en los textos de la escuela de Maslama. Aunque no se presenten correspondencias textuales, los paralelismos en la parte de coordenadas de estrellas y trigonometría son evidentes. Existen algunas excepciones como son los capítulos VI y VII sobre las ferias árabes y cristianas; los XVII, XVIII y XIX sobre los métodos de aproximación; el LVII sobre el cálculo del acimut de la *qibla* según la fórmula de al-Jwārizmī; el LVIII sobre la comprobación de la precisión del aparato y la *Tabla de saber en qual grado del zodíaco es el sol.*

Ambos libros alfonsíes son reelaboraciones de materiales de la escuela de Maslama orientadas a poner al alcance de la cultura romance el conocimiento de la teoría y práctica del astrolabio.

15.5. *Un nuevo estado de la cuestión*

Sobre los probables originales árabes que dan pie a la tradición latina de astrolabio estudiada debemos destacar, una vez más, la importancia que tuvo la escuela de Maslama. Sobre la continuidad del texto de uso de Ibn al-Ṣaffār no cabe ninguna duda. En cambio no conocemos los textos árabes que dan pie al Pseudo-Māšāllāh 1 c, Pseudo-Māšāllāh 2 c, Johannes Hispanus y *Libro de Astrolabio Llano,* si bien nos hemos referido a sus relaciones más o menos parciales con los métodos de la escuela de Maslama. Tal vez puedan tener relación con el texto perdido de construcción de astrolabio que atribuye a Ibn al-Samḥ el *qāḍī* Ibn Ṣāᶜid de Toledo.[191] Por otra parte el estudio del manuscrito árabe de uso de astrolabio de Ibn al-Samḥ podría ser revelador en algunos aspectos.

Finalmente, consideramos apropiado establecer una valoración cronológica de las distintas traducciones occidentales de astrolabio:

— Un primer estadio representado por los textos de Ripoll (que se inicia a mediados del siglo X) pone en conocimiento de la cultura latina la práctica restringida del uso del astrolabio. No creemos, en cambio, en la

191. Ed. R. BLACHÈRE: *Livre des Categories des Nations,* París, 1935, páginas 130-31.

utilidad de los textos de construcción. Nos es desconocida su fuente original no tratándose de las notas al *Planisferio* de Ptolomeo, aunque parece tener alguna relación con esta obra de Maslama (tabla de estrellas).

Sobre la personalidad de su posible traductor Llobet de Barcelona, Bastardas i Parera apunta que podría tratarse de un «mozárabe», considerando que utiliza la expresión *carnarius* en vez de *multo,* común al léxico de la época en la Marca Hispánica.

— A finales del siglo XI se inicia una segunda etapa de traducciones más intensa, donde la compresión de los textos de construcción es más evidente, dado que se utilizan materiales elaborados por la fecunda escuela de Maslama a lo largo de los siglos X y XI.

— Un tercer estadio está representado por la compilación astronómica de los *Libros del Saber de Astronomía* donde la lengua romance accede al astrolabio.

Por otra parte, el astrolabio latino de M. Destombes, datado antes del 986,[192] plantea el problema de su origen. Contamos con la opinión favorable del Dr. A. Mundó en cuanto a su autenticidad paleográfica de finales del siglo X, en la Marca Hispánica (aunque la araña sería del siglo XII). Sería necesario un análisis exhaustivo de este instrumento, pero manifestaremos que sólo podría haber sido construido por alguien con conocimiento de las fuentes árabes. No en vano, el astrolabio es un ejemplo claro de transmisión cultural de Oriente a Occidente, una aportación árabe a la ciencia latina y romance medieval.

192. *Un astrolabe carolingien...*, 8.

SOBRE EL *LIBRO DELL ATAÇIR* DE LOS *LIBROS DEL SABER DE ASTRONOMIA* DE ALFONSO X EL SABIO

MERCÈ VILADRICH y RAMON MARTÍ

Algunos problemas de índole astrológica como son el cálculo del *tasyīr* y la proyección de rayos constituyen temas frecuentemente presentes en los *Libros del Saber de Astronomía* de Alfonso X el Sabio.[1]

El cálculo del *tasyīr* es un procedimiento astrológico que consiste en dirigir artificialmente un planeta hacia otro para determinar los grados del Ecuador que se encuentran entre ambos. Este número de grados se identifica con un período de tiempo determinado y sirve para predecir el advenimiento de una circunstancia.[2] La determinación del *tasyīr* —a la que se puede proceder mediante diversos instrumentos astronómicos— es merecedora, en la compilación alfonsí, de una obra específica: el *Libro dell Ataçir* que el

1. Dada la amplitud de la obra alfonsí no estamos en condiciones de referirnos a la totalidad de sus obras. Sin embargo, además de los textos que estudiaremos se ocupan del cálculo del tasyīr: el capítulo XLVI del segundo *Libro de las armellas* [sobre este texto J. SAMSÓ: *Tres notas sobre astronomía Hispánica en el siglo XIII*, «Estudios sobre Historia de la Ciencia Árabe» (Barcelona, 1980), 175-179]; el capítulo LXIV del segundo *Libro de la Lámina universal* (parte IV); el capítulo LIX de la segunda parte del *Libro de la Açafea.* Todos ellos editados por M. RICO y SINOBAS: *Libros del Saber de Astronomía del Rey D. Alfonso X de Castilla.* Madrid, 1863-1867. Existe una nueva edición en microfichas de Ll. KASTEN y J. NITTI: *Concordances and Texts of the Royal Scriptorium Manuscripts of Alfonso X el Sabio,* Madison, The Hispanic Seminary of Medieval Studies (1978).

2. Véase O. SCHIRMER. art. *TASYĪR* en *Encyclopédie de l'Islām,* Tomo IV (París, 1934), 729-733.

rey mandó redactar a Rabiçag.[3] Dicho libro, que consideramos efectivamente obra original de Rabiçag, consta de dos partes: una de construcción y otra de uso del llamado *estrumente del leuantamiento* cuya exclusiva utilidad es puramente astrológica:

> ...«non puede ome llegar a saber las cosas granadas de los fechos deste mundo, assí cuemo la quantía della uida dell ome et de las cosas que acaescen de mal et de bien á menos de saber el leuantamiento a que dizen ataçir»... (pág. 295).

El instrumento en cuestión se fundamenta en la proyección estereográfica de los círculos de la esfera y tiene por finalidad resolver gráficamente el cálculo astrológico citado en un intento de simplificar el complicado proceso que supone la utilización de unas tablas astronómicas:

> ...«si lo quisier ome saber por quento es muy graue de facer»... (pág. 295).

1. Construcción del «estrumente del leuantamiento»

El libro de construcción se divide en nueve capítulos. Conviene señalar que la inexistencia de una descripción del instrumento en su conjunto ha dificultado la interpretación de su funcionamiento, puesto que sólo se detalla la construcción de cada pieza por separado.

El instrumento consta de:

— La *lámina universal*[4] donde se proyectan los círculos del Ecuador, Cáncer, Capricornio y la eclíptica, dividiendo este último en signos y grados y proyectando sus paralelos de declinación y círculos horarios.

— La lámina para una latitud determinada *(de qual ladeza quisieres)* que recoge el círculo del Ecuador, el del horizonte y los llamados *cercos de los tiempos* o círculos acimutales.

— La red, con el Ecuador, y la eclíptica exclusivamente, sin estrellas fijas.

— Una madre, que no cita el texto y que contendría las láminas, una alidada y un *cauallo* con su *priego* que une las láminas entre sí.

3. Ed. RICO y SINOBAS: *Libros II,* 295-309.

4. La expresión *lámina universal* no tiene ninguna relación con el conocido instrumento astronómico de ʿAlī b. Jalaf.

El texto comienza por indicar los materiales con que puede construirse el instrumento, aconsejando que sus láminas sean de papel puesto que han de ser muy grandes y delgadas *(llanas)*.[5]

1.1. *La «lámina universal»*

A ella se refiere en los capítulos II al V.

Ecuador, trópicos y *eclíptica:* para proyectar los círculos del Ecuador, Cáncer y Capricornio utiliza el método clásico que ya se describe en el *Libro de Astrolabio Llano.*[6] En la figura n.º 1, siendo *abcd* el círculo del Ecuador con centro *e* tomamos un arco $az = 24°$, oblicuidad aproximada de la eclíptica. Con la recta *dz* determinaremos *t* siendo *et* el radio del trópico de Cáncer. Asimismo, la prolongación de las rectas *ea* y *bz* determinan el punto *h* siendo *eh* el radio del trópico de Capricornio. No obstante, el trazado de los dos trópicos sólo sirve para determinar los puntos de los solsticios *h* y *k* puesto que:

> «Et a mester que fagas los cercos de capricornio et de cancer ascondidos de guissa que non parescan despues» (cap. II, pág. 299).

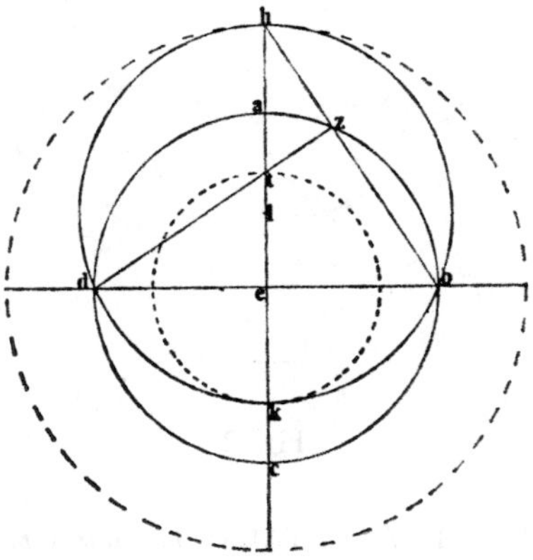

Fig. 1

5. Entendemos que las láminas son grandes en relación a las del astrolabio, puesto que como se verá han de contener completo el círculo del horizonte.

6. Véase M. VILADRICH y R. MARTÍ: *En torno a los tratados hispánicos sobre construcción de astrolabio hasta el siglo XIII,* en «Textos y Estudios sobre astronomía española en el siglo XIII» (Barcelona, 1981), 81-83. Conviene señalar que en el astrolabio el trazado se inicia con el círculo de Capricornio.

El círculo de la eclíptica se proyecta también según el método del astrolabio buscando el punto medio del segmento *hk* (punto *l*) y trazando con centro en *l* la circunferencia *hbkd*.

División de la eclíptica: el capítulo III proyecta, para dividir la eclíptica en signos y grados, los paralelos de declinación de los principios de los signos zodiacales. Este método es uno de los tres que expone Maslama al-Maŷrīṭī en sus Notas al *Planisferio* de Ptolomeo.[7] Así, en la figura n.º 2, siendo *abdc* la eclíptica y *ebrc* el Ecuador con centro en *x,* se toma un arco *ez* con valor de 11; 30° y se traza la recta *cz* que determina *h* sobre el segmento *xa,* la circunferencia de radio *xh* determinará sobre la eclíptica *p* y *l* que son, respectivamente, los comienzos de Tauro y Virgo. Se toma 11; 30° [8] como declinación de Tauro 0° mientras que en el *Planisferio* de Ptolomeo ésta es de 11; 39,59°. Si, en cambio, prolongamos la recta *bz* hasta su intersección en *t* con *xa* y trazamos la circunferencia de radio *xt* obtendremos *m* y *n* como Piscis 0° y Escorpio 0°, respectivamente.[9]

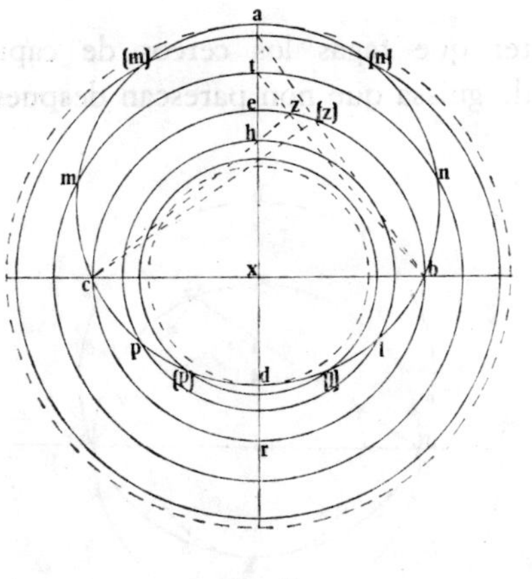

Fig. 2

7. Ed. J. VERNET y M.ª A. CATALÀ: *Las obras matemáticas de Maslama de Madrid,* «Al-Andalus», 30 (1965), 15-47. Reed. en «Estudios sobre Historia de la Ciencia Medieval» (Barcelona-Bellaterra, 1979), 241-71.

8. Tal vez pueda tratarse de un error por 11; 40°. El valor de declinación en el *ziŷ* de al-Jwārizmī-Maslama para el principio de Tauro es de 11; 39,50° y para Géminis 20; 29,50°. Cfr. H. SUTER: *Die Astronomischen Tafeln des Muḥammed ibn Mūsa al-Khwārizmī* (Köbenhavn, 1914), 132-133, y O. NEUGEBAUER: *The Astronomical Tables of al-Khwārizmī* (Köbenhavn, 1962), 96. Al-Battānī da, respectivamente, 11; 32,22° y 20; 16,20°. Cf. C. A. NALLINO: *Opus astronomicum* (Milán, 1899-1907), II, 57.

9. En la edición de RICO y SINOBAS, pág. 299, donde dice *tm signo de piscis* ha de decir *cm signo de piscis.*

Si se repite el proceso tomando un arco *e[z]* [10] de 20; 26° obtendremos los puntos *[p]* y *[l]* para Géminis 0° y Leo 0° o *[m]* y *[n]* para Acuario 0° y Escorpio 0°, respectivamente.[11] Recordemos que Ptolomeo en el *Planisferio* da una declinación de 20; 30,9.° para Géminis 0°.

El texto sigue diciendo que con un arco *e[z],* equivalente a la declinación de Aries 5°, obtendríamos *[l]* Virgo 25° *[m],* Piscis 25° y *[n]* Libra 5°.[12] Y así procederemos cuando conozcamos las declinaciones de los diversos grados.

Proyección de los *cercos de las longuras* en la *lámina universal:* se refiere con la expresión *cercos de las longuras* a los círculos máximos de longitud, perpendiculares a la eclíptica. Su trazado consiste en unir mediante un arco el principio de un signo zodiacal y el principio de su signo opuesto, atravesando este arco el polo de la eclíptica. En el texto no hay alusión a cómo se determina el polo de la eclíptica sobre la lámina. El método empleado en la proyección de estos arcos consiste en ir tanteando con uno de los brazos del compás hasta encontrar un punto que sea el centro de la circunferencia que contiene el arco que buscamos para unir los signos.

Proyección de los *cercos de las ladezas* en la *lámina universal:* la determinación de los círculos menores de latitud parece un tanto corrupta en el texto. Sin embargo, intentaremos esclarecerla mediante la figura n.° 3. Sean

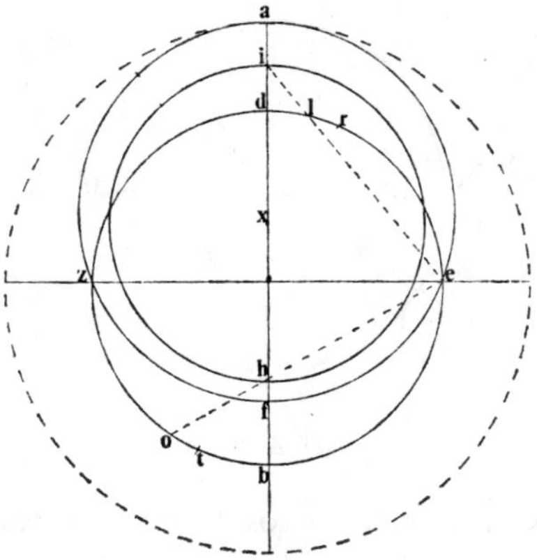

Fig. 3

10. Ponemos entre corchetes las letras que se repiten en el texto señalando puntos distintos.

11. Existe un error, pág. 300: donde dice *començamiento de uirgo* debe decir *començamiento de leo.*

12. Existe un error, pág. 300; donde dice *la fin de XXV grados de libra* debe decir *la fin de V grados de libra.*

dzbe el Ecuador y *azfe* la eclíptica. Se desea proyectar el círculo menor de latitud de una estrella cualquiera que se encuentra a 10° N. Se señala el punto *r* a 24° del punto *d* y el punto *t* a idéntica distancia del punto *b*. Se toman los arcos *rl* y *to* ambos de 10°. Se trazan las rectas *eli* y *eho*. Se determina la semidistancia entre los puntos *ih*, que corresponde al punto *x*, centro del círculo menor de latitud buscado. En el texto se describe el procedimiento para estrellas de latitudes septentrionales de 10° y 60° y se alude también a la proyección de los círculos de latitud de las estrellas meridionales.

1.2. *La lámina de qual ladeza quisieres*

A ella se refiere en los capítulos VI y VII.

Proyección del *círculo del horizonte:* el procedimiento que se emplea es el habitual en los tratados de construcción de astrolabio.[13] En la figura 4

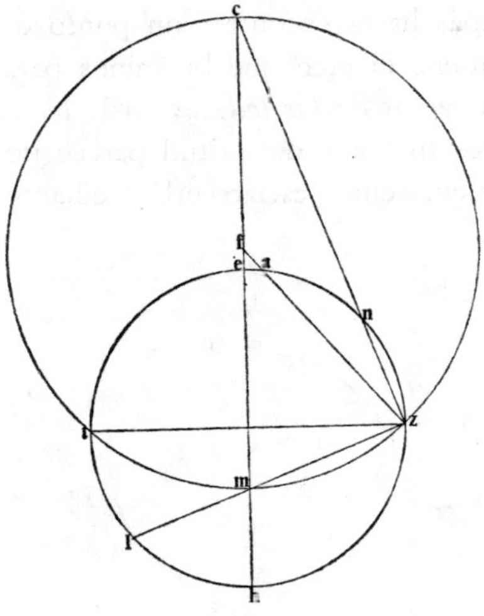

Fig. 4

sea *zhte* el Ecuador; se toman los arcos *tl* y *zn* iguales a la latitud del lugar para el que se proyecta el horizonte. Se trazan las rectas *zml* y *znc*. Se determina la semidistancia entre *c* y *m*, —punto *f*— y, con centro en *f*, se traza el círculo *zmtc* completo. A continuación se indica que, si se traza la recta *za*, siendo el arco *na* = *nz*, la prolongación de esta recta cortará el diámetro *cm* en el punto *f*, centro del horizonte que se ha trazado. El capítulo concluye

13. M. VILADRICH y R. MARTÍ: *En torno a los tratados hispánicos sobre construcción...*, 83-84.

destacando la necesidad de proyectar todo el horizonte completo contrariamente a como se procedía en el astrolabio:

> ...«Et sabe que a mester en este estrumente que sean las láminas en él tamannas que pueda venir el cerco dell orizon todo complido, et entonce será complido ell estrumente. Et si lo quisieres menor poderlo as fazer mas non será tan complido» (pág. 303).

Proyección de *los cercos de los tiempos:* se trata de proyectar acimutes sobre el horizonte: en la figura n.º 5 se dispone del Ecuador *tz* graduado de grado en grado a partir de la línea meridiana en el sentido de los signos zodiacales. Se conocen los puntos *m* y *c* sobre el horizonte, que se han determinado en el proceso anterior, y a los que se alude como *polos de la uilla,* pues son, respectivamente, el cenit y el nadir del horizonte. Sobre la línea ortogonal a *cm* se localizan los centros de los círculos que pasan por *c* y por *m,* por un grado concreto del Ecuador y por su opuesto. En el caso de que se hubiera proyectado la eclíptica, dichos acimutes cruzarían la eclíptica a la vez por un grado y por su opuesto. Estos círculos se trazarán cada cinco grados ecuatoriales, por ejemplo: *que uayan de cinco en cinco ó menos segund quisieres.* Indica el texto que el horizonte, la línea meridiana y algunos de estos acimutes deben señalarse en color más intenso:

> ...«et faz la linna del mediol cielo et el cerco dell orizon con sennalado color ó con otra cosa qualquier et assí farás el cerco que es luenne de la linna de mediodía XXX grados de amas partes de diestro et de siniestro. Et otrossí los cercos que son luenne del mediol cielo LX grados damas las partes de diestro et de siniestro»... (pág. 304).

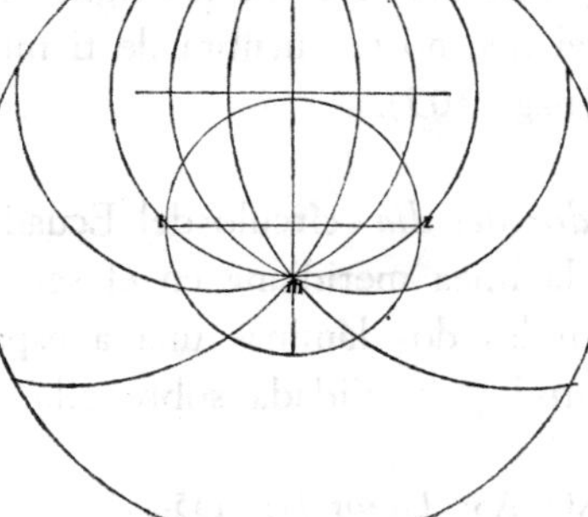

Fig. 5

1.3. *Construcción de la alidada*

Se ocupa de ello en el capítulo VIII. Se trata de una regla que debe ser tan larga como el diámetro de la lámina y con un agujero en el medio para fijarla con el *priego.* El autor se ahorra hacer una descripción detallada de cómo debe ser construida esta alidada haciendo referencia a una de las del *Libro de la Azafea* de Azarquiel:[14]

> ...«Et sea esta alhidada tal cuemo la que es en la lámina del Zarquiel, á que dizen ell orizon declinado» (pág. 365).

La particularidad de esta alidada es que lleva dos *demostradores* móviles, uno en cada brazo.

1.4. *Acabado de la lámina de latitud*

El capítulo IX indica que para completar el instrumento conviene trazar sobre la lámina de latitud los círculos del astrolabio de Ptolomeo. No describe el procedimiento de este trazado porque ya se encuentra recogido para la lámina anterior:

> «Et non es mester de te mostrar aquí cuemo fazen ell astrolabio de Ptolomeo, porque te lo auemos ya mostrado en este libro» (pág. 305).

Además es necesario construir una red como la del astrolabio, pero sin la proyección de las estrellas fijas:

> «Et non aya y mas del cerco de los signos et del cerco dell yguador del dia, por tal que no se encubra de ti ninguna cosa de los cercos temporales» (pág. 305).

El *cerco dell yguador del dia* (círculo del Ecuador) se graduará en 360° numerados a partir de la línea meridiana en el sentido de los signos.[15]

Finalmente se unen las dos láminas una a espaldas de la otra, la red sobre la lámina de latitud y la alidada sobre ella. Se introduce un *priego*

14. Ed. RICO y SINOBAS: *Libros III,* 135-237.

15. Desde Capricornio 0° hacia Aries como tradicionalmente proceden los astrónomos árabes.

(clavo) en sus agujeros y se fijan las piezas con un *cauallo*. Conviene señalar que la alidada se irá alternando sobre una u otra de las láminas en su uso, según convenga.

2. Uso del «estrumente del leuantamiento»

Otros nueve capítulos constituyen la segunda parte del *Libro dell Ataçir* concerniente al uso del *estrumente del leuantamiento*. Los primeros cuatro capítulos describen las operaciones básicas a realizar para situar las estrellas y los planetas y a continuación se resuelven diversos problemas astrológicos mediante dichas operaciones.

2.1. *Operaciones básicas*

El capítulo I explica cómo *mudar la estrella de la lámina universal all alhidada quier sea de las fixas quier de las planetas.* Para ello es necesario conocer las coordenadas de latitud y longitud de una estrella o de un planeta en un momento determinado. Conocidas estas coordenadas se localizan en la lámina llamada universal, sobre la cual se ha colocado la alidada, y se desplaza un demostrador de ésta hacia el lugar señalado. Se podrá operar así siempre que en la lámina universal se encuentre trazado el círculo menor de latitud de la estrella que nos interesa. En caso contrario deberá proyectarse antes de empezar a operar. Debemos considerar, por otra parte, que de hecho se podría marcar sobre la alidada una escala de latitudes que permitiera determinar fácilmente la latitud de una estrella con el demostrador.

El capítulo II contiene el procedimiento necesario para conocer la mediación de una estrella o planeta. Situada la alidada en la posición anterior, el grado del círculo de los signos que cae bajo el brazo de la alidada donde está el demostrador de la estrella es su mediación: *el grado de los signos con que se acomedia aquella estrella en mediol cielo.*

El capítulo III se ocupa de determinar qué grado de la eclíptica cruza el horizonte en el momento del orto y del ocaso de una estrella: *quál grado de los signos sube en ell orizon con qual estrella quier et quál se pone con ella.* Sobre la lámina de latitud se sitúa un demostrador sobre la latitud de la estrella y la alidada en el grado de la eclíptica correspondiente a la mediación de la estrella. Hace girar la alidada [solidariamente con la red, aunque esto no se indica en el texto] hasta que el demostrador de la estrella corte el horizonte oriental. El grado de la eclíptica —trazada en la red—

que corta el horizonte oriental en este momento es el ascendente del orto de la estrella. Para saber *quál grado de los signos se pone con ella* operará análogamente sobre el horizonte occidental.

El capítulo IV trata de la determinación de la distancia que existe entre el acimut en que se encuentra una estrella en un momento determinado y los *quatro ángulos;* los grados de la eclíptica y del Ecuador que cruzan determinado acimut al mismo tiempo que la estrella. Todo ello se resuelve gráficamente sobre el instrumento. Para el primer problema se sitúa en la alidada un demostrador sobre la latitud de la estrella. Fijamos la alidada sobre la eclíptica en la graduación correspondiente a la mediación. Conocemos el ascendente y situamos el grado correspondiente sobre el horizonte oriental, el acimut en que se encuentra la estrella nos sirve para determinar cuanto dista ésta, sobre el Ecuador, de los puntos correspondientes a los *quatro ángulos* (principios de las casas I, IV, VII y X). En la misma posición determinaremos el grado de la eclíptica que cruza ese acimut y a la vez el grado del Ecuador que será el *sobimiento daquella estrella sobre aquel cerco.*

2.2. *Problemas astrológicos*

Conciernen al cálculo del *tasyīr,* la proyección de rayos y la división de las casas zodiacales.

2.2.1. *El cálculo del tasyīr*

El *tasyīr* es un arco horario que transcurre durante el tiempo en que el llamado *significator/(promissor),* como consecuencia de la rotación diaria aparente de la esfera celeste, es conducido sobre su paralelo celeste hasta el círculo meridiano —que se supone permanece fijo en este período— del llamado *promissor/(significator).*[16]

El *significator,* o planeta benéfico, recibe también los nombres de *afetes, al-dalīl* o *al-haylāŷ.* El *promissor,* planeta maléfico los de *anairetes, taiador* o *al-qāṭiᶜ.*

El *tasyīr* puede ser de dos tipos: el directo, en el cual el *significator* precede al *promissor* en el sentido de los signos zodiacales y, por tanto, el *promissor* es el lugar fijo hacia el que debe ser dirigido el *significator;* el indirecto, en el cual el *significator,* que se considerará fijo, precede al *promissor* en el sentido de la rotación diaria de la esfera celeste.

16. Según su definición en art. *Tasyīr, E. I.*

Se puede considerar como *significator* o como *promissor* cualquier lugar señalado de la esfera celeste, sean estrellas fijas, planetas, casas astrológicas...

El capítulo V de nuestro libro se ocupa de la determinación de un arco de *tasyīr* en el sentido de los signos zodiacales. Representamos el procedimiento en la figura n.º 6. Sea *b* el *significator*. *ZbN* el acimut en que se

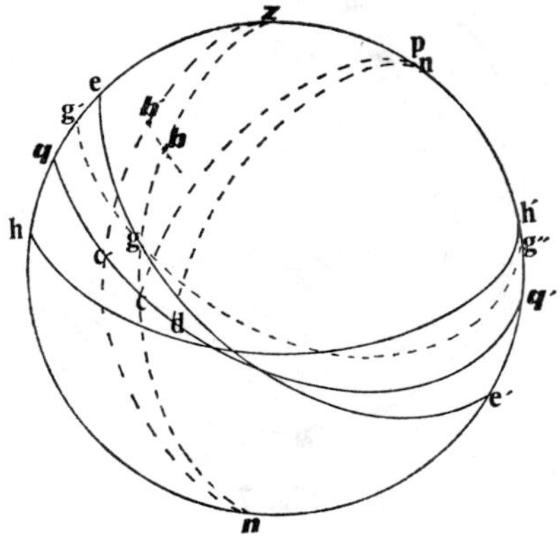

Fig. 6

encuentra *b* en un momento determinado. Dicho acimut corta el Ecuador en el punto *c,* siendo *qc* los *sobimientos* del *significator*. El texto indica que debemos sumar el arco *qc* un número de grados igual al número de años transcurridos de la vida del individuo para el cual se efectúa la predicción de un acontecimiento.[17] Esta suma da como resultado el arco *qd*. Así el punto *d,* que hará las veces de *promissor* en este proceso, se transporta hasta el azimut *ZbN* moviéndose sobre el Ecuador. El grado de la eclíptica que en este giro se ha situado sobre el acimut *ZbN* y que corresponde en la figura al punto *g* será *ell allegamiento dell ataçir en aquell anno*. Tal vez pudiera interpretarse esta frase considerando que el día en que el Sol describa el paralelo de declinación *g''· g g'* será el día en que se produzca el acontecimiento. Por tanto, conviene señalar que lo que se ha determinado no es estrictamente un arco de *tasyīr*. No obstante, se ha obtenido un dato que permite fijar un período de tiempo.

El capítulo VI trata *de cuemo fazen ell atazir dell alhilech (al-haylāŷ) á los cuerpos de las fortunas et de las infortunas et á los rayos.* Se describe

17. El texto no se refiere concretamente a la predicción de un acontecimiento, pero suponemos, por el contexto, que se trata de ello.

el cálculo de *tasyīr* directo que representamos en la figura n.º 7. Se dispone el instrumento en posición situando el grado del ascendente *a* correspondiente a un momento dado sobre el horizonte oriental. Conocemos sobre qué acimut

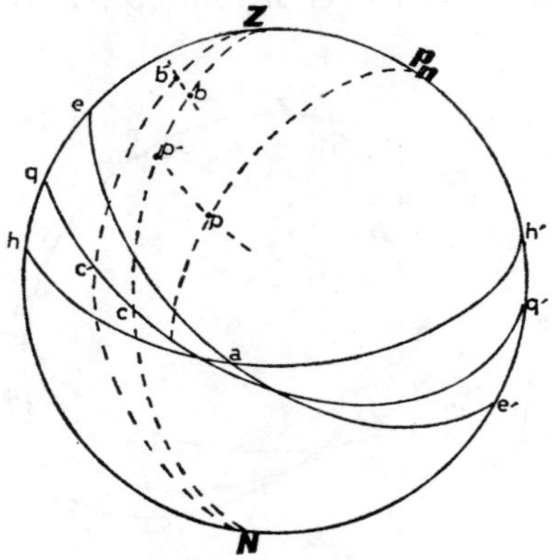

Fig. 7

(ZbN) se encuentra el *significator b* y los *sobimientos* que le corresponden sobre el Ecuador *qc.* Mediante la lámina universal se sitúa un demostrador de la alidada sobre el *promissor, p,* y se observa su mediación. A continuación se transporta la alidada a la lámina de latitud y se sitúa sobre la mediación observada para *p.* Se hace girar la alidada [solidariamente con la red] hasta que el demostrador del punto *p* corta el acimut *ZbN* del *significator.* En esta posición *(p')* dicho acimut cortará el Ecuador en el punto *c, b* se habrá desplazado a *b',* y por él pasará el acimut *Zb'c'N.* El arco de *tasyīr* que interesa es el arco *cc'* que se obtiene restando *qc-qc'.*

El capítulo VIII —*De cuemo deuen fazer ell ataçir retornado*— contiene, de nuevo, un procedimiento de cálculo del *tasyīr* que emplea una sola estrella o planeta (el *promissor* e_1) mientras se considera como *significator* el grado del Ecuador que corta el horizonte occidental en el momento en que se opera (punto w_1 en la figura n.º 8). Dado que se trata de un arco de *tasyīr* indirecto, el *significator* precede al *promissor* en el sentido de la rotación diaria de la esfera celeste. Según indica el texto, se dispone el instrumento en posición situando el ascendente *(f)* en el horizonte oriental y se practica una señal en el grado del Ecuador que está cruzando el horizonte occidental *(significator* w_1*).* A continuación se sitúa un demostrador sobre la estrella o planeta e_1 y se fija la alidada sobre el grado de la eclíptica correspondiente a la mediación de la estrella. Se hace girar la alidada [solidariamente con la red] hasta que el demostrador de la estrella corta el horizonte occidental (punto e_2) y se practica una señal en el grado del Ecuador que corta al horizonte, mientras w_1 se ha desplazado a w'_1. Se operará obteniendo la distancia sobre el Ecuador $w_1w'_1$ y el resultado será el arco de *tasyīr* que buscábamos, equivalente a lo que ha girado la estrella desde su posición, en un momento dado, hasta cruzar el horizonte occidental. Cada grado del Ecuador corresponde a un año: *et lo que fincar esso será la quantía de los annos del ataçir dando un grado á cada anno solar.*

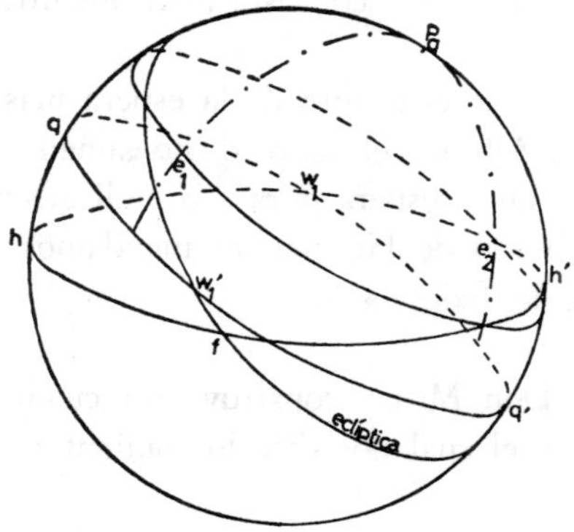

Fig. 8

Al iniciar este estudio aludíamos a la presencia de este tipo de problemas astrológicos en los *Libros del Saber de Astronomía.* No consideraremos aquí la totalidad de esta obra astronómica, sin embargo queremos analizar especialmente el cálculo del *tasyīr* en el *Libro dell Alcora,*[18] para el cual el rey Sabio mandó redactar un capítulo adicional concerniente a este problema astrológico.

El *Libro de la fayçón dell espera* es una traducción de un tratado árabe sobre el uso de la esfera de Qusṭā b. Lūqā (siglo IX). El instrumento que en él se utiliza consta de una esfera montada sobre una *siella* que representa el círculo del horizonte. Se han trazado sobre la esfera los círculos del Ecuador y la eclíptica con sus respectivos polos. Gira sobre el Ecuador en cuyos polos se engasta la *armella meridiana.* Con estos elementos básicos se pueden resolver los problemas relativos a la determinación de coordenadas ecuatoriales u horizontales. Sin embargo, para determinar la posición sobre

18. También llamado *Libro de la fayçón dell espera,* ed. RICO y SINOBAS: *Libros I,* 153-209.

la esfera de una estrella o de un planeta considerando sus coordenadas eclípticas (longitud y latitud) es necesario construir un cuadrante auxiliar que pueda fijarse sobre el polo de la eclíptica.

El *Libro del Alcora* fue completado por los colaboradores de Alfonso X el Sabio con cuatro primeros capítulos de construcción del instrumento. En la construcción alfonsí de la esfera se introduce una *armella menor,* fijada en los polos de la eclíptica que corresponde al cuadrante auxiliar de Qusṭā b. Lūqā para la determinación de coordenadas eclípticas.

Por otra parte se añade un *capitolo unico* final relativo al cálculo del *tasyīr* y a la división de las casas con este instrumento:

> «Et porque fuesse esta obra de la espera mas complida, mandamos nos Rey Don Alfonso el sobre dicho annadir hy este capitolo para fazer armillas en la espera pora saber ell ataçir, et egualar las casas segund la opinion de Hermes, et mandamos a Don Xosse nuestro alfaquin que lo fiziese.»

En este capítulo Don Mosse construye un cuadrante auxiliar como el de Qusṭā b. Lūqā sobre el cual nos dice lo siguiente:

> «Et porque se pueda poner una vez sobrel polo septentrional et otra uez sobre el polo miridional segund fuer la ladeza de la estrella de los signos ymaginando una linna drecha que salga del polo de los signos et que llegue fasta la fin del quarto. Et bien se muestra que esta linna del quadrante será la linna del quadrante sennalado en el mayor cerco que cayga en la espera segund mostró Thedoçiuz. Et esta linna es la cuerda del quadrante partido pues el cerco que es déll es quadrante partido et ygual al mayor cerco que ay en la espera et passa por los polos de los signos.»[19]

En nuestro texto se plantea la posibilidad de calcular el *ataçyr drecho* y el *ataçyr converso.* El procedimiento es prácticamente análogo y la única diferencia consiste en considerar primero el planeta benéfico o el maléfico. Procedemos, pues, a explicar detalladamente el sistema empleado para el cálculo de un *ataçyr drecho.*

19. Cf. pág. 206. Sobre la identificación de Don Xosse y sobre el *Libro de la fayçón dell espera,* en general, véase: J. SAMSÓ: *Algunas notas sobre el léxico astronómico del tratado alfonsí sobre la esfera.* «Cuadernos de Traducción e Interpretación» (Universidad Autónoma de Barcelona) I (1981), 93-97, y J. SAMSÓ: *El tratado alfonsí sobre la esfera.* «Dynamis» (Granada), 2 (1982), 57-73.

En primer lugar es necesario reproducir en la esfera la posición del cielo en el momento del nacimiento del individuo. Mediante el cuadrante auxiliar se sitúa una *estrella,* es decir, el planeta benéfico *alhileche/al-haylaŷ* (*a* en nuestra figura n.º 9) sobre la esfera conocidas sus coordenadas de longitud y latitud. Inmediatamente sitúa el ascendente del natalicio: *pornemos la espera sobrell estado del cielo en el tiempo de la nascencia.* Se debe situar también el otro planeta que interviene en el cálculo del *tasyīr,* el planeta maléfico *taíador/Qāṭiᶜ* (*t* en nuestra figura).

A continuación entra en juego otra pieza auxiliar: el *çerco dell ataçyr.* Se trata de una semiarmilla que se engasta en los puntos donde se cortan el horizonte y la armilla meridiana, *N-S.* Esta semiarmilla deberá poder moverse por encima y por debajo del horizonte sin dificultar la revolución de la esfera ni impedir la oscilación del polo del Ecuador sobre el horizonte para representar las distintas latitudes geográficas. Además existe una pequeña pieza llamada *demostrador (d)* que se puede desplazar sobre la semiarmilla en dirección *N-S,* señalando distintos puntos en la superficie de la esfera.

Para el cálculo del *tasyīr* situaremos el demostrador de la semiarmilla justo encima del planeta *a.* Manteniendo la semiarmilla en esta posición se desplaza el *demostrador* hasta que corta el círculo del Ecuador y se practica una señal e_1 sobre el mismo. De nuevo, sin mover la semiarmilla, se hace girar la esfera hasta que el planeta *t* encuentra la semiarmilla y mediante el demostrador se practica la señal e_2 sobre el Ecuador (e_1 se ha desplazado a la posición e'_1 y e_2 ocupa su lugar). La distancia e'_1e_1 en grados (arco horario) es el *archo dell ataçyr.*

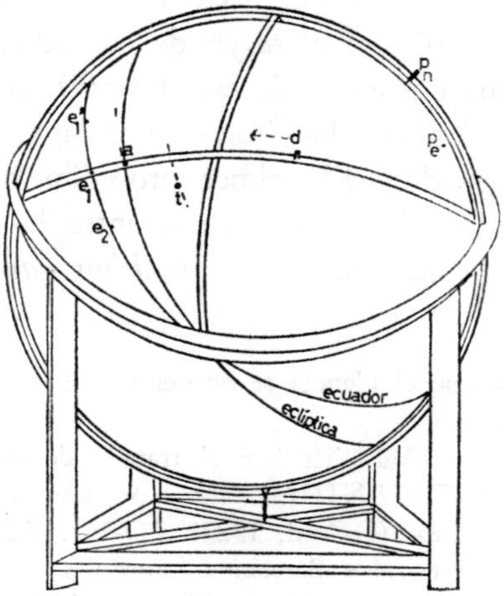

Fig. 9

El texto contempla la posibilidad de que el primer planeta señalado se encuentra bajo el horizonte,[20] para lo cual indica que se procederá análogamente, pero operando con el grado opuesto del planeta, *et esto con que pongamos el quarto dell armella sobrell oppósito del logar de la estrella de los signos.*

Se puede observar, en el desarrollo del proceso, la necesidad de fijar la semiarmilla en una determinada posición. Con este objetivo se instruye la construcción de otra *media armella* que se fija en los puntos *E-W:*

> ...«tomaremos otra media armella que passa por el centro de la cabeza et por la meatad de los orientes et de los occidentes et fincarla hemos y. Et faremos una cauadura en la sobrefaz de suso de la otra media armella del ataçyr et pornemos la media armella que toma por la longura de la meatad de los orientes á la meatad de los occidentes que entre en esta cauadura muy sotilmientre en guisa que finque la armella del ataçyr fixa sobre su estado quando mouiéremos ell espera» (pág. 208).

Por otra parte, al analizar los tratados hispánicos de construcción y uso de astrolabio encontramos algunas cuestiones de carácter astrológico reflejadas en el tratado que llamábamos Pseudo-Māšāllāh 1 u y en el tratado de uso de astrolabio de Abraham ibn ᶜEzra.[21] Por tanto, y aunque estos problemas no se encuentran recogidos en el *Libro de Astrolabio Llano,* incluimos su estudio a continuación.

El capítulo *De respectibus* del texto de Abraham ibn ᶜEzra contiene dos procedimientos para calcular el *tasyīr* de un individuo, es decir, el arco de su vida mediante los planetas *(ductus planete).* Se requiere conocer las posiciones de los dos planetas (longitud) sobre la eclíptica en el momento del nacimiento del individuo. El primer procedimiento consiste en medir directamente sobre el Ecuador la diferencia entre las ascensiones rectas de ambos planetas: *et est unus modus cum gradibus equalibus.*

20. El texto alude a que el planeta se encuentre sobre el horizonte, pero se trata manifiestamente de un error.

21. Denominamos Pseudo-Māšāllāh 1 u al tratado de uso de astrolabio atribuido a Māšāllāh, editado por R. T. GUNTHER: *Early Science in Oxford,* vol. V, *Chaucer and Messahalla on the astrolabe* (Oxford, 1929), 217-231. Reiteramos nuestro agradecimiento a John North, quien envió a Barcelona fotocopias de este tratado. El texto de Abraham ibn ᶜEzra fue editado por J. M.ª MILLÀS VALLICROSA: *Un nuevo tratado de astrolabio de R. Abraham ibn ᶜEzra,* «Al-Andalus» V (1940), 1-29.

El segundo procedimiento, más complejo, toma en consideración la latitud del lugar. Afirma Abraham ibn ᶜEzra que fue utilizado por Ptolomeo, entre otros:

> ...«alteri modo que est secundum latitudinem terre, in quo consentiunt Hermes, Donoreus, Ptolomeus, Messella, Andruzagar, Albumasar, et omnes alii antiqui non dissentiunt ab eis nisi Auennouasth xristianus et Anurizi».[22]

Dispuesto el astrolabio en la posición del momento en que se opera, señalado el grado de la eclíptica que culmina sobre la línea meridiana y el grado del ascendente sobre el horizonte oriental, se sitúan —también sobre la eclíptica— los dos planetas: el benéfico p_1 y el maléfico p_2 (en la figura n.º 10). A continuación se calculará el valor del arco diurno del planeta p_2 (si se encontrara por debajo del horizonte se operaría con su opuesto sobre la eclíptica) y los minutos de una hora desigual del mismo. Se calculará el tiempo que tarda en culminar p_2 *(minuta remotionis planete)* dividiendo el arco MP_2 por los minutos de su hora desigual. Se determinarán las diferencias de las ascensiones rectas *(ascensiones circuli recti)* (ΔA_0) y de las ascensiones oblicuas *(ascensiones terre)* [23] ($\Delta A\varphi$) de ambos planetas para operar según la fórmula:

$$\frac{\Delta A_0 - \Delta A\varphi}{6} \times \frac{MP_2}{(\text{n.º minutos hora desigual de } P_2)}$$

El resultado obtenido deberá sumarse al menor de los arcos ΔA_0 ó $\Delta A\varphi$. Se obtendrá un resultado en grados de ecuador equivalentes a un número igual de años: *et per singulis gradibus singulos annos reputa.*

22. Cf. pág. 25. Sobre Doroneus F. SEZGIN: *Geschichte des Arabischen Schrifttums,* VII (Leiden, 1974), 32-33. Sobre Andruzagar *(al-Andarzagar) G.A.S.,* vol. Astrología, 80-81. Auennouast tal vez sea uno de los Banū Nawbajt, véase la introducción de A. LABARTA en *Mūsa ibn Nawbajt. Al-Kitāb al-Kāmil* (Madrid-Bellaterra, 1982). Sobre Anurizi *(an-Nayrīzī)* F. SEZGIN: *G.A.S.* VI, 191-92.

23. La expresión *ascensiones terre* parece traducir *al-maṭāliᶜ al-baladiyya* o *al-maṭāliᶜ fi-l-balad* (ascensiones oblícuas).

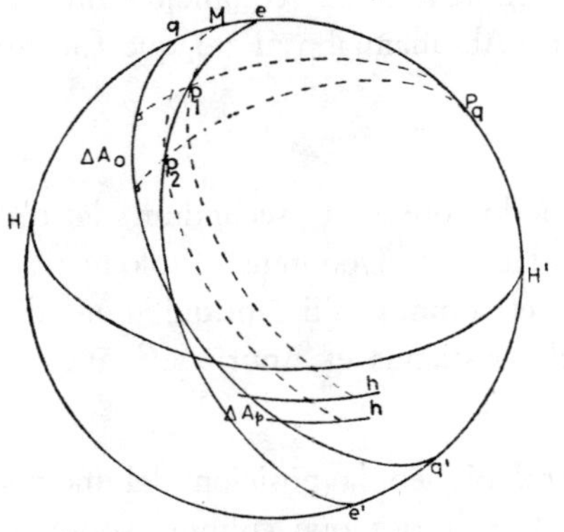

Fig. 10

2.2.2. *Los aspectos planetarios y la proyección de rayos*

Los aspectos planetarios son determinadas posiciones relativas que mantienen entre sí los planetas. Reciben los nombres de sextil, cuadratura, trino, oposición y conjunción según sea la diferencia entre las longitudes de los planetas de 60°, 90°, 120°, 180° ó 0°. Frecuentemente los astrólogos consideran que cada planeta puede ser sustituido en sus relaciones con los demás por los rayos que proyecta según sus aspectos.

De la proyección de rayos se ocupa el capítulo VII de la segunda parte del *Libro dell Ataçir —De cuemo fazen los echamientos de los rayos segund la opinion de Hermes—*. En la figura n.º 11 se desea obtener el rayo que proyecta el planeta *p*.[24] Conocido el ascendente *(f)* se sitúa sobre el horizonte oriental. El planeta *p* se encuentra sobre un acimut *(cerco temporal) ZpN* que corta el Ecuador en el punto *c*, siendo el arco *qc* los *sobimientos* del planeta.

Para proyectar rayos *diestros* —en el sentido de la rotación diaria aparente de la esfera celeste— se resta, según nuestro texto, de los *sobimientos (qc)* 60° ó 90° ó 120°, respectivamente, para proyectar el rayo sextil, la cuadratura o el trino. Para proyectar rayos *siniestros* —en el sentido de los signos zodiacales— en vez de restar se sumarán las cantidades mencionadas a los *sobimientos*. Recordemos que en el instrumento se dispone del círculo del Ecuador graduado a partir de la línea meridiana en el sentido de los signos zodiacales. En la figura representamos la proyección de un rayo sextil *siniestro* y el resultado de la suma se encuentra en el punto *m* del Ecuador.

24. En rigor el texto alfonsí se refiere a una estrella, término intercambiable por planeta, puesto que a veces precisa: *quier sea de las fixas quier de las planetas.*

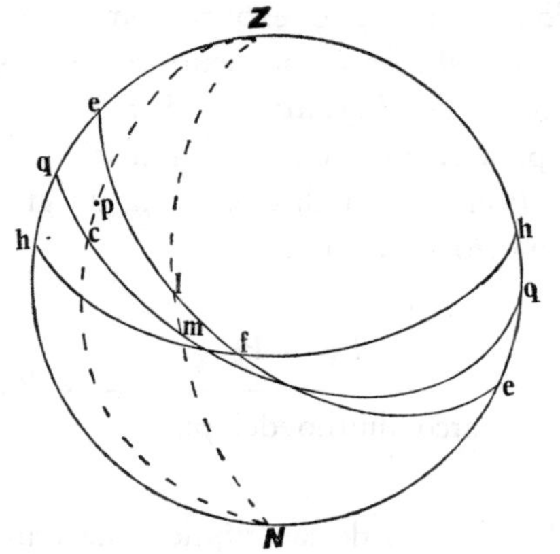

Fig. 11

Determinado este punto se observará qué acimut cruza por dicho punto *(Z, l, m, N) et sera el cerco dell echamiento daquel rayo que quesiste saber.* Es decir, el planeta *p* proyectará su rayo sextil *siniestro* sobre aquel acimut:

> ...«Et quantas estrellas caen sobre aquel cerco dirás que son en rayo daquella estrella et esso mesmo dirás en el grado de los signos [*l* en nuestra figura] que cae sobrel cerco que es en aquel rayo» (pág. 308).

La proyección de rayos puede realizarse también mediante el astrolabio planisférico. Así, el capítulo 39 del texto Pseudo-Māšāllāh 1 u, *De aspectibus planetarum,* enumera cuáles pueden ser los aspectos entre dos planetas: *sextilis, quartilis, trina, oppositionis* y *coniuncti,* según sea la diferencia entre sus longitudes de 60°, 90°, 120°, 180° ó 0°. El texto indica que los planetas también se encontrarán en aspecto si la distancia en longitud entre ellos no difiere, por exceso o por defecto, en más de 5° de dichas cantidades.

También se refiere a los aspectos planetarios el capítulo *De Respectibus* del texto de Abraham ibn ᶜEzra. Indica que los *respectus* pueden ser siete considerando que se pueden contraer tanto en sentido *dextro* como *sinistro.* Así existen dos de 60°, dos de 90°, dos de 120° y uno de 180°, prescindiendo de la conjunción. Conviene recordar que en general ambos textos coinciden en considerar que los planetas y la Luna se encuentran sobre la eclíptica. Esta identificación les permite utilizar aproximadamente el astrolabio. También coinciden en señalar la existencia de otros métodos que practicaron *auctores astronomie antiqui et moderni.* Ambos aluden a Ptolomeo y Abraham ibn ᶜEzra incluso se refiere a su *liber de 4 capitulis.*

El texto Pseudo-Māšāllāh 1 u explica cómo hacer una proyección de rayos utilizando el astrolabio. En dicho texto se sigue básicamente el método de la proyección de rayos de *al-Qānūn al-Masᶜūdī* de al-Bīrūnī,[25] deduciendo la siguiente fórmula para la ecuación de la radiación:

— Si el planeta *P* emite la radiación hacia un grado de la eclíptica que se encuentre sobre nuestro horizonte:

$$e = \frac{P\varphi - P_0}{\text{arco diurno del planeta}} \times PM$$

siendo P_0 la longitud del grado de la eclíptica que cruza el meridiano simultáneamente con el grado en que se encuentra el planeta: $P \pm R$, siendo $R = \pm 60°, \pm 90°, \pm 120°$, según el aspecto.

$P\varphi$ la longitud del grado de la eclíptica que cruza el horizonte simultáneamente con $P \pm R$.

PM, el tiempo que el planeta *P* tarda en culminar desde su posición original.

Si el planeta emite la radiación hacia un grado de la eclíptica que se encuentre por debajo del horizonte se utiliza como denominador en la fórmula el arco nocturno del planeta. Esta fórmula difiere de la de al-Bīrūnī, puesto que éste utiliza como divisor la mitad del arco diurno/(nocturno) del planeta. Creemos que el proceder de al-Bīrūnī es el correcto, puesto que los puntos $P\varphi$ y P_0 siempre se determinan utilizando la línea meridiana del astrolabio y el horizonte oriental, es decir, siempre se juega con una mitad del arco diurno.

Finalmente, obtenido el resultado de esta ecuación: si el planeta se encuentra en las casas IV a VI o X a XII sumaremos el resultado al valor más pequeño P_0 o $P\varphi$; si se encuentra entre las casas I a IV o VII a IX, restaremos el resultado de la ecuación del valor mayor P_0 o $P\varphi$. El resultado obtenido será la radiación del planeta sobre la eclíptica.

Por otra parte se detecta cierto paralelismo entre la ecuación de al-Bīrūnī y la propuesta por Abraham ibn ᶜEzra para el cálculo del *tasyīr,* donde:

$$\frac{MP_2}{6\ (\text{n.º minutos hora desigual de } P_2)}$$

25. Estudiado por E. S. KENNEDY y H. KRIKORIAN-PREISLER: *The Astrological Doctrine of Projecting the Rays,* «Al-Abhath» 25 (Beirut) (1972), 2-15.

es el arco semidiurno de P_2 expresado en minutos de tiempo. Téngase en cuenta que se trata de obras radicalmente distintas: el uso de unas tablas astronómicas y un tratado de uso de astrolabio. Sin embargo, ambos textos aluden a los métodos ptolemaicos, por tanto, tal vez este paralelismo pudiera responder a un planteamiento teórico subyacente a ambos métodos.

Abraham ibn ʿEzra se refiere al cálculo del aspecto de un planeta *(respectus)* considerando dos casos: si el planeta se encuentra en el principio de una casa zodiacal o no.

En el primer caso procederá directamente sumando o restando la distancia correspondiente al aspecto (60°, 90° o 120°, según se trate de un aspecto sextil, cuadratura o trino) a la posición del planeta sobre la eclíptica. Esta suma, o resta, se realiza de una manera aproximada ya que considera que la diferencia de longitudes entre el principio y el fin de una casa es siempre de 30°.

En el segundo caso suponemos que el planeta *P* (en la figura n.° 12) se encuentra en la casa C_1 C_2 y se desea calcular la proyección de un rayo en el sentido de los signos zodiacales que se encontrará en la casa C'_1 C'_2. Mediante el astrolabio se calcula:

— La diferencia entre las ascensiones oblicuas de C_1 y *P*, ΔA_φ $(C_1\text{-}P)$.
— La diferencia entre las ascensiones oblicuas de los puntos de la eclíptica que determinan: *a)* el principio y el fin de la casa en que se encuentra el planeta [ΔA_φ $(C_1\text{-}C_2)$]; *b)* el principio y el fin de la casa hacia la que se proyecta el rayo [ΔA_φ $(C'_1\text{-}C'_2)$].

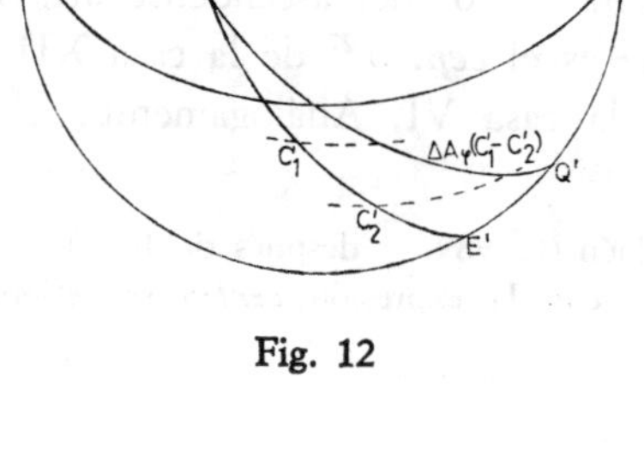

Fig. 12

Con estos datos se opera según la ecuación:

$$\frac{\dfrac{\Delta A\varphi\ (C_1\text{-}P)\ 60}{\Delta A\varphi\ (C_1\text{-}C_2)} \times \Delta A\varphi\ (C'_1\text{-}C'_2)}{60}$$

El resultado de esta operación deberá sumarse al principio de la casa hacia la cual se proyecta el rayo. En consecuencia:

$$\frac{\Delta A\varphi\ (C_1\text{-}P)}{\Delta A\varphi\ (C_1\text{-}C_2)}\ \Delta A\varphi\ (C'_1\text{-}C'_2) + \lambda\, C'_1$$

Se trata, por tanto, de efectuar una interpolación lineal entre la ascención oblicua del planeta —teniendo en cuenta las ascensiones oblicuas del principio y del fin de la casa en que se encuentra— y la ascensión oblicua del principio y del fin de la casa en la que se proyectará el rayo. No obstante, el procedimiento es aproximativo, no sólo por utilizar una interpolación lineal, sino sobre todo porque trabaja con ascensiones oblicuas (sobre el Ecuador) y suma el resultado obtenido a la longitud de *C'*, sobre la eclíptica.

2.2.3. *La división de las casas en el zodiaco*

El *Libro dell Ataçir* se ocupa de este problema en el último de sus capítulos —*De cuemo se deuen fazer en este estrumente las XII casas según la opinion de Abenmoat*[26]—. Para ello se sirve de aquellos acimutes (*cercos temporales)* que trazó con una línea más gruesa o en *sennalado color:* los que distan de la línea meridiana 30°, 60°, 90° y 120°. Dispone el instrumento en posición para operar situando el ascendente del momento *I* en el horizonte oriental (ver figura n.° 13). Sobre la lámina de latitud, el acimut que dista 60° de la línea meridiana y 30° del ascendente atraviesa la eclíptica en un punto determinado que es el *centro*[27] de la casa XII y su opuesto sobre la eclíptica el *centro* de la casa VI. Análogamente: el punto de la eclíptica

26. Ibn Muʿāḏ de Jaén (C. 989 — después de 1079).

27. Entendemos que con la expresión *centro* se refiere al principio de la casa zodiacal.

que se encuentra sobre el acimut que dista 30° de la línea meridiana (y 60° del ascendente) es el *centro* de la casa XI y su opuesto el de la casa V. El acimut que dista 30° hacia occidente de la línea meridiana determina el *centro* de las casas IX y III y el que dista 60° el de las casas VIII y II. La línea de mediodía, la de medianoche, el horizonte oriental y el occidental determinan, respectivamente, los *centros* de las casas X, IV, I y VII.

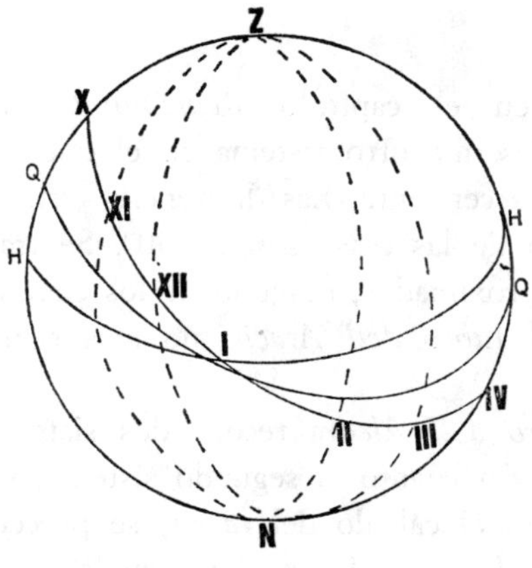

Fig. 13

El texto *Scriptum Antiquum Saraceni cuiusdam, de diversarum gentium Eris, annis ac mensibus et de reliquis Astronomiae principiis* [28] recoge dos sistemas para dividir las casas. El primero de ellos que se atribuye a al-Jwārizmī [29] y Ptolomeo, determinado el principio de la casa I (ascendente), busca la división de las casas XII y XI partiendo de la ascensión oblicua del ascendente y de la ascensión recta de la casa X. La diferencia entre las ascensiones rectas del principio y el fin de cada casa será equivalente a dos horas desiguales del ascendente. No obstante, en ocasiones supone errónea-

28. Se trata de los cánones de las *Tabulae Jahen* de Ibn Muᶜāḏ en versión latina de Gerardo de Cremona editados en Nüremberg, 1549. Nuestro agradecimiento a M.ª V. Villuendas por las fotocopias de esta edición.

29. En el *Zīŷ* de al-Jwārizmī-Maslama se recoge un sistema de división de las casas que parte de la ascensión recta del ascendente y considera arcos de dos horas desiguales de dicho ascendente. Cf.: edición latina del texto H. SUTER: *Die Astronomischen Tafeln des Muḥammed ibn Mūsa al-Khwārizmī in der Bearbeitung des Maslama ibn Aḥmed al-Madjrīṭī und der latein* (Köbenhavn, 1914), cap. 32, pág. 25; versión inglesa y comentario O. NEUGEBAUER: *The Astronomical Tables of al-Khwarīzmī* (Köbenhavn, 1962), 76-78.

mente que dos horas desiguales equivalen a 60°. En relación a este primer sistema debemos suponer que no era aceptado por Ibn Muᶜāḏ:

> «Inquit Abumad, ego non posui ad aequationem harum domorum tabulas, quoniam modus iste non est mihi bonus in extrahendo eas, neque video ipsum conuenientem ei quod exigit forma» (fol. 37).

Más adelante, en el capítulo *Rememoratio aequationis domorum duodecim* (fol. 40) describe otro sistema en el que también se parte de la ascensión oblicua del ascendente. Las diferencias entre las ascensiones rectas del principio y el fin de las casas son de 30°. Se trata, por tanto, de dos sistemas sencillos y aproximados, ninguno de los cuales coincide exactamente con el descrito en el *Libro dell Ataçir,* no más riguroso, atribuido a Ibn Muᶜaḏ.

También el *Libro dell Alcora* recoge dos sistemas de división de las casas en el zodíaco.[30] En cuanto al segundo sistema, valiéndose de los accesorios construidos para el cálculo del *tasyīr,* se procede a *egualar las casas segund la opinion de Hermes.* La *media armella* construida *(E-W)* se encuentra dividida en seis partes iguales.[31] Se sitúa el grado del ascendente en el horizonte oriental y la *armella dell ataçyr,* sucesivamente, sobre cada una de estas divisiones (ver figura n.° 14) y se va desplazando su demostrador hasta cortar el círculo de la eclíptica en cada posición, señalando los principios de las casas.

30. La descripción del primer sistema se encuentra recogida en R. MARTÍ y M. VILADRICH: *En torno a los tratados de uso de astrolabio hasta el siglo XIII en al-Andalus, la Marca Hispánica y Castilla,* en curso de publicación en este mismo volumen. En este trabajo también nos referimos a los sistemas de división de las casas en los tratados de uso de astrolabio Pseudo-Māšāllāh 1 u y Abraham ibn ᶜEzra, entre otros.

31. Existe un error en la edición de RICO y SINOBAS que dificulta la compresión del proceso. Comprobamos la edición de Ll. KASTEN y J. NITTI, donde se establece que la semiarmilla está dividida en seis partes, que suponemos iguales.

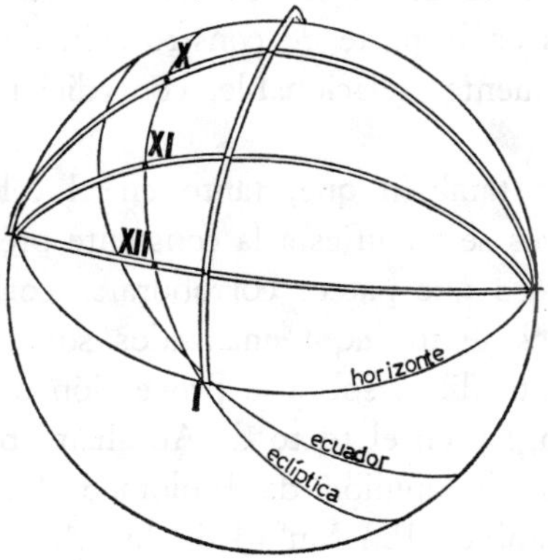

Fig. 14

3. Conclusiones

En primer lugar, parece prematuro intentar establecer unos antecedentes directos del *Libro dell Ataçir.* Recordemos que en este tratado se recogen tres sistemas de predicción, dos de los cuales responden al procedimiento «clásico»[32] del cálculo del *tasyīr* presentando, el otro, algunas diferencias. El *Libro de la fayçón dell espera* contiene otro método que en rigor poco tiene que ver con los anteriores y en el cual se introduce la novedad de la *armella dell ataçyr.* A pesar de que estos textos no sean relacionables, todos confluyen en la determinación de un arco de Ecuador para fijar un período de tiempo —atribuyendo a sus grados cierto valor temporal—, a excepción del primer sistema del *Libro dell Ataçyr,* que —con idéntico objetivo— determina, quizás, un paralelo de declinación, según hemos interpretado. La obra de Abraham ibn ʿEzra, por su parte, no presenta mayores paralelismos con los textos alfonsíes.

En cuanto a la proyección de rayos señalemos que en el *Zīŷ* de al-Jwārizmī-Maslama se encuentran unas tablas de cómputo para ello.[33] Este hecho nos permite suponer la práctica de esta doctrina entre los miembros de la escuela de Maslama, a pesar de que no aparezcan referencias a ella en los textos de astrolabio. No obstante, y sin pretender poner en duda la originalidad del *Libro dell Ataçir* —atribuido a Rabiçag—, recordemos los para-

32. Entendemos por procedimiento clásico el que se describe en el artículo *tasyīr, E. I.*

33. Estudiadas por E. S. KENNEDY y H. KRIKORIAN-PREISLER: *The astrological doctrine...,* 7-14.

lelismos que presenta la construcción del *estrumente del leuantamiento* con los sistemas empleados en la parte de construcción del *Libro del Astrolabio Llano* alfonsí —claramente relacionable con dicha escuela andalusí de astrónomos—.

Conviene recordar también que, tanto en el cálculo del *tasyīr,* como en la proyección de rayos se manifiesta la constante presencia de un substrato supuestamente ptolemaico que parece corroborarse con las constantes alusiones a este autor en los textos aquí analizados sobre astrolabio. Asimismo se atribuye a Māšāllāh un libro sobre la proyección de rayos *(Kitāb matraḥ al-šuᶜāᶜāt)* hoy perdido,[34] y en el texto de Abraham ibn ᶜEzra se afirma que este autor coincide con la opinión de Ptolomeo. Del mismo problema se ocupó al-Battānī [35] y también Ibn Muᶜāḏ de Jaén.[36]

Sobre la división de las casas señalar tan sólo la utilización de sistemas aproximados tanto en el *Libro dell Ataçir* como en el *Libro de la fayçón dell espera* que contrastan con la frecuente presencia del sistema de al-Battānī en los tratados de astrolabio.

A modo de conclusión incidiremos en el específico tratamiento de problemas de índole astrológica en los *Libros del Saber de Astronomía* de Alfonso X el Sabio. Este hecho pone de manifiesto la ausencia de cualquier tipo de censura que pudiera aplicarse, desde una perspectiva cristiana, a sistemas de adivinación como los descritos, tan difundidos en ámbito musulmán. Sirvan como ejemplo de ello las memorias del rey Zīri de Granada ᶜAbd Allāh, que recoge una descripción muy confusa del cálculo del *tasyīr,* con superposición de elementos de valoración astrológica, para concluir diciendo:

> «A este procedimiento lo llaman «al-ŷanbajtān», que, por permisión divina, es el índice de la vida.»[37]

Finalmente, sean cuáles fueren los fundamentos de estas doctrinas astrológicas, no debe olvidarse que por tratarse de sistemas de predicción se complican las operaciones provocando un cierto elitismo que permite al astrónomo áulico mantener su situación en la corte.

34. Cf. art. *Māšaᶜallāh, D.S.B.* 9 (New York, 1974), 160.

35. C. A. NALLINO: *Al-Battānī sive Albatenii Opus astronomicum ad fidem codicis escurialensis arabice editum, latine versum, adnotationibus instructum,* 3 vols. (Milán, 1899-1907), cf I, cap. VII, 129-31 y 305-13.

36. En su *Matraḥ al-šuᶜāᶜāt* y en las *Tabulas Jahen.* Cf. M.ª V. VILLUENDAS: *La trigonometría europea en el siglo XI. Estudio de la obra de Ibn Muᶜāḏ. El Kitāb maŷhūlāt* (Barcelona, 1979), XXIV-XXVI y XXIX-XXX.

37. E. LEVI-PROVENÇAL y E. GARCÍA GÓMEZ: *El siglo XI en primera persona* (Madrid, 1980), 308-09.

IBN ARQAM AL-NUMAYRĪ (m. 1259) Y LA INTRODUCCIÓN EN AL-ANDALUS DEL ASTROLABIO LINEAL

ROSER PUIG

Entre los personajes biografiados en la *Iḥāta* de Ibn al-Jaṭīb encontramos en la ed. de ᶜInān, vol. II, pp. 141-143,[1] a Muḥammad b. Riḍwān Ibn Arqam al-Numayrī, hombre de letras y de ciencia, cuya biografía reproduzco aquí, *in extenso* y con algunos comentarios, por la noticia que en ella aparece de su obra sobre el astrolabio lineal. Un resumen de esta biografía, tomado de la *Iḥāṭa* aparece, también, en *al-Bugyat al-wuᶜāt* de al-Suyūṭī:[2]

> «Muḥammad b. Riḍwān b. Muḥammad b. Aḥmad b. Ibrāhīm b. Arqam al-Numayrī:
> Guadijeño. Su *kunya* era Abū Yaḥyà. Fue un personaje célebre, un sabio noble y prestigioso, de abundantes conocimientos y de poderosa inteligencia. Fue un estudioso del árabe y de la lengua, siendo considerado *imām* en ellas. Se dedicó a varias ciencias: aritmética, astronomía y geometría.
> Dijo el *šayj:* En todo esto era el que más destacaba, además de en generosidad, dignidad, modestia y religiosidad, de cuantos encontré. Fiel al ejemplo de sus antepasados y a la nobleza de su linaje. Le traté mucho, Dios tenga misericordia de él, junto a los notables con quienes me relacioné en Granada, debido a su es-

1. IBN AL-JAṬĪB: *Al-Iḥāṭa fī tārīj Garnāṭa.* Ed. Muḥammad ᶜAbd Allāh ᶜInān, en vol. II. El Cairo, 1974.

2. AL-SUYŪṬĪ: *Bugyat al-wuᶜāt fī ṭabaqāt al-lugawiyyīn wa-l-nuḥāt,* vol. I, p. 104, n.º 172. Ed. El Cairo, 1384/1964.

tancia en ella. Nos encontramos varias veces en Granada y fuera de ella. Le tenía por un hombre de linaje ilustre que reunía ciencia, dignidad y un buen carácter. Era autor de escritos *(taqyīd)* muy bellos por la elegancia de su caligrafía, arte en el que sobresalió sin que nadie pudiera igualarle. Fue nombrado *qāḏī* de su ciudad [natal] [Guadix] y posteriormente lo fue de Purchena. Fue elogiado su modo de proceder.

Aprendió las siete lecturas coránicas de su maestro Abū-l-Karm Ŷūdī b. ʿAbd al-Raḥmān.[3] Estudió con él el *Garīb*[4] y lengua, siguiéndole fielmente y recibiendo de su parte una *iŷāza* general. Además estudió en su ciudad [natal] con otros maestros y, en Granada, se relacionó con un grupo de sabios que la habitaban en los días en que él la frecuentó y residió en ella.

Escribió el libro llamado *Al-iḥtifāl fī istīfāʾ mā li-l-jayl min al-aḥwāl* ("Concierto para exhaustivamente tratar lo que con los caballos se puede relacionar"). Es un libro voluminoso del que me he ocupado junto a él y he aprovechado. Resumió el *Garīb al-muṣannaf*. Es, además, autor de escritos *(taqāyīd)* en prosa y en verso sobre astronomía; de una *Risāla fī-l-asṭurlāb al-jaṭṭī wa-l-ʿamal bi-hi* ("Risāla sobre el astrolabio lineal y su uso") y de un libro que llamó *Šaŷara* ("Árbol") de genealogías de los árabes.

Murió en la noche del sábado 17 de rabīʿ II del año 757/1356.»[5]

La fecha no concuerda exactamente con la que aparece en al-Suyūṭī: sábado 17 de rabīʿ II del 657. Esta última parece más probable teniendo en cuenta que:

— La feria sábado coincide con el 17 de rabīʿ II del año 657, pero no coincide con el 17 de rabīʿ II del año 757.

— El maestro al que hace referencia Ibn al-Jaṭīb es Ŷūdī b. ʿAbd al-Raḥmān b. Ŷūdī b. Mūsà b. Wahb b. ʿAdnān al-Qaysī al-Labūsī. De *kunya* Abū-l-Karm. *Ustāḏ* en *adab* y lengua árabe que murió el 623/1226 ó 633/1235-6.[6]

3. Sobre Abū-l-Karm, véase AL-SUYŪṬĪ: *Bugyat al-wuʿāt*, I, p. 490, n.º 1014, y también IBN AL-ZUBAYR: *Ṣilat al-Ṣila,* ed. Levi-Provençal. Rabat, 1938, p. 11, n.º 23.

4. Se trata del *K. Garīb al-muṣannaf,* obra capital de Abū ʿUbayd al-Qāsim b. Sallām al-Harawī (n. 157/773, m. 223/837). Ver: BROCKELMANN, GAL, G. I, p. 107, y S. I, p. 166.

5. El mismo año aparece en PONS BOIGUES, F.: *Ensayo bio-bibliográfico de los historiadores y geógrafos arábigo-españoles.* Madrid, 1898, p. 329, n.º 286.

6. Cf. supra n. 3.

— El libro voluminoso *(al-Iḥtifāl)* es el conocido tratado de hipología que Ibn Arqam dedicó a Muḥammad I al-Gālib billāh (1237-1272).[7]

La fecha correcta es, pues, sábado 17 de rabīᶜ II del año 657 de la Hégira = sábado 12 de abril del año 1259 de la Era cristiana.

En cuanto a la *Risāla fī-l-asṭurlāb al-jaṭṭī wa-l-ᶜamal bi-hi,* ha sido citada generalmente como «Risāla sobre el astrolabio» sin tener en cuenta que trata concretamente del llamado astrolabio lineal que había sido ideado a finales del siglo XII por el astrolabista persa Šaraf al-Dīn al-Ṭūṣī (m. 1213).[8]

Este tipo de astrolabio del cual no se conserva ningún ejemplar es conocido gracias al capítulo que el sabio marroquí Abū-l-Ḥasan ᶜAlī (m. 1262) le dedicó en su *Tratado de los Instrumentos,*[9] traducido literalmente por el Barón Carra de Vaux,[10] aunque para conocer su forma y su funcionamiento hay que recurrir a los trabajos posteriores de H. Michel.[11]

La noticia recogida por Ibn al-Jaṭīb prueba, pues, que el astrolabio lineal fue conocido, en cuanto a su forma y uso, simultáneamente por Abū-l-Ḥasan ᶜAlī y por su coetáneo Muḥammad b. Riḍwān Ibn Arqam que escribió sobre él en la Granada *naṣrī* de la primera mitad del siglo XIII.

7. En cuanto a la obra de hipología de Ibn Arqam, véase: COLIN, G. S.: *Un nouveau traité grenadin d'hippologie,* en Islamica VI (1934), pp. 332-337. ARIÉ, R.: *L'Espagne Musulmane au temps des Nasrides (1232-1492).* París, 1973, p. 437, y *España Musulmana. Siglos VIII-XV.* Ed. Labor, 1982, p. 423. VIGUERA, M. J.: *Ibn Huḏayl. Gala de caballeros, blasón de paladines.* Madrid, 1977, pp. 16-17.

8. SUTER, H.: *Die Mathematiker und Astronomen der Araber und ihre Werke.* Leipzig, 1900, p. 134, n.° 333. Véase, también, nota 11.

9. SUTER, H.: *Die Mathematiker...,* p. 144, n.° 363.

10. Baron CARRA DE VAUX: *L'astrolabe linéaire ou Bâton d'et-Tousi.* París, Journal Asiatique, mai-juin, 1895.

11. MICHEL, H.: *Traité de l'astrolabe.* París, 1947, pp. 21-22 y 115-122. Y del mismo autor: *L'astrolabe linéaire d'al-Tusi.* Revue Ciel et Terre, nn. 3-4, mars-avril, 1943, pp. 101-107.

NOTAS SOBRE EL ECUATORIO DE IBN AL-SAMḤ

JULIO SAMSÓ

1. *Generalidades*

El astrónomo hispanoárabe Abū-l-Qāsim ibn al-Samḥ (m. 1035) es autor de un tratado sobre la construcción del ecuatorio que, hasta el momento presente, ha sido objeto de dos estudios fundamentales debidos a WEGENER (1905) y POULLE (1980, pp. 193-200). El mencionado tratado se conserva exclusivamente en la versión alfonsí (RICO III, 241-271) seguido por el tratado de Azarquiel sobre la construcción de otro ecuatorio (RICO III, 272-284). El prólogo común a ambos tratados afirma haber tratado ya sobre los instrumentos «de astrología que fizieron los sabios pora rectificar» (RICO III, 241), lo cual nos puede proporcionar alguna idea sobre la cronología de ambas traducciones alfonsíes que no se encuentran fechadas en el texto impreso.

Muy brevemente empezaré por señalar las líneas generales que presiden el funcionamiento del ecuatorio de Ibn al-Samḥ, cuya finalidad es, obviamente, determinar las posiciones verdaderas de los planetas para cualquier día y hora «a menos de tablas e sen lazerio ninguno et much ayna» (RICO III, p. 241). El instrumento está provisto de una lámina por planeta. Si dejamos de lado, de momento, las características especiales que presentan las láminas de Mercurio y de la Luna, sobre cada lámina planetaria aparece un círculo exterior, correspondiente a la eclíptica. Al trazar la lámina dibujaremos un diámetro que va desde el apogeo hasta el perigeo del planeta. Sobre este diámetro marcaremos el *centro del universo* (B), que coincide con el centro de la eclíptica, y, a partir de él, tomaremos la doble excentricidad, en dirección al apogeo con lo cual determinaremos la posición del *centro del deferente* (G). El punto medio entre B y G será E que Ibn al-Samḥ identifica con el *centro del ecuante*. Aquí nos encontramos con la primera anomalía importante que nos presenta este tratado: esta disposición de los tres centros no concuerda con la doctrina ptolemaica que establece

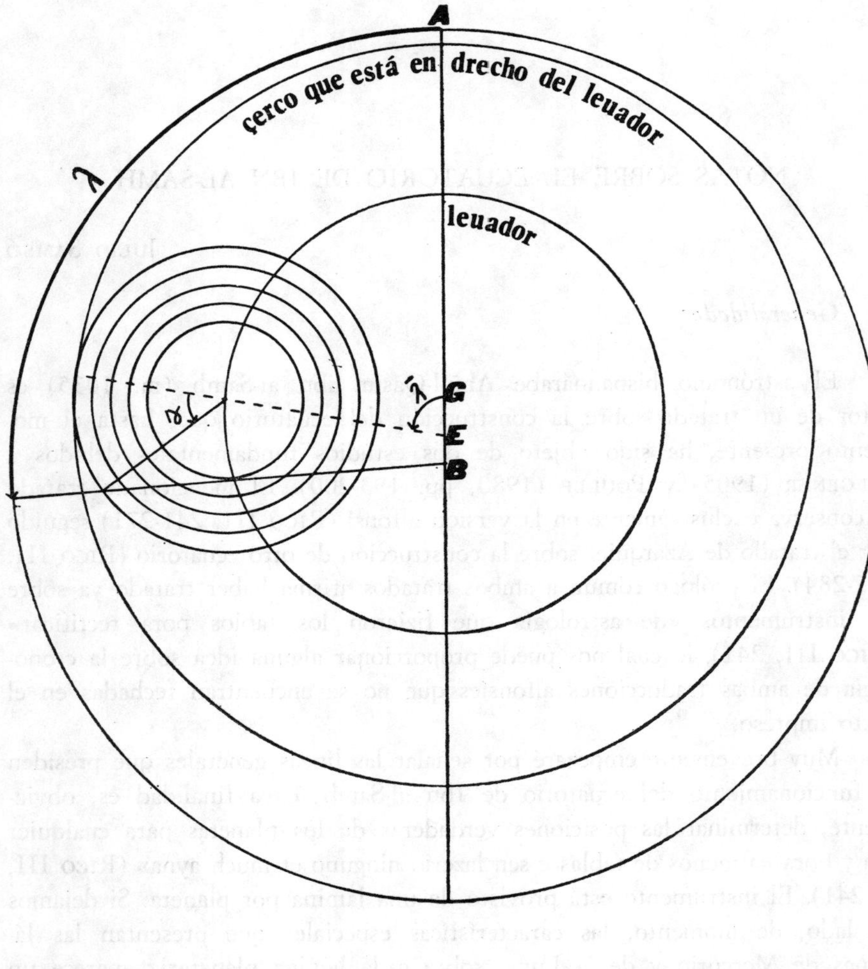

que el centro del deferente se encuentra en el punto medio entre el centro del universo y el centro del ecuante. No soy capaz de dar una explicación satisfactoria a este hecho y me limito a señalar que sólo conozco un modelo análogo al que describe aquí Ibn al-Samḥ: Levi ben Gerson (1288-1344), en sus consideraciones teóricas acerca de las posibilidades que le ofrece la geometría de las excéntricas, pone de relieve asimismo un modelo en el que el centro del ecuante está situado entre el centro del deferente y el centro del universo (GOLDSTEIN, 1974, pp. 43-47 y n. pp. 50-51).

En torno al centro del deferente trazaremos el deferente mismo (al que el texto alfonsí denomina *leuador*) con un radio que es la mitad del radio de la eclíptica para todos los planetas. También en torno al centro del deferente trazaremos el *çerco que está en drecho del leuador:* su radio será mayor que el del deferente y la diferencia entre ambos será, para todas las láminas de los planetas, igual al radio del epiciclo de Venus: más adelante veremos la razón. Con un radio arbitrario, pero mayor que todos los demás, trazaremos, en torno al centro del ecuante, el círculo ecuante mismo mediante un círculo oculto que luego podremos borrar. Este círculo ecuante se denomina, en el tratado alfonsí, *çerco dell alaux.* Dividiremos, a continuación, el *çerco dell alaux* en 360° y, mediante diámetros que unan puntos opuestos con el centro del ecuante, proyectaremos estas divisiones sobre el deferente y sobre el *çerco que está en drecho del leuador.*

Con lo anterior hemos descrito la estructura básica de cada lámina planetaria. Para que el instrumento esté completo sólo nos queda aludir a la lámina de los epiciclos que es única para todos los planetas. Se trata de una lámina que el tratado alfonsí menciona en el capítulo III (RICO III, 248) y en el capítulo VIII (RICO III, pp. 254-255), y en la que todos los epiciclos planetarios son concéntricos y se distribuyen, de mayor a menor y de acuerdo con los parámetros que veremos más adelante, en el orden siguiente: Venus, Marte, Mercurio, Júpiter y Saturno.

Para terminar con estas generalidades sólo me queda explicar brevemente el uso del instrumento tal como aparece expuesto en el capítulo XIV del tratado (RICO III, 263): el ecuatorio de Ibn al-Samḥ prescinde del círculo ecuante que se ha trazado, tal como hemos visto, mediante un círculo oculto tras haber proyectado sus divisiones sobre el *leuador* y el *çerco que está en drecho del leuador.* Si el centro de la lámina de los epiciclos está perforado (extremo que no explicita el tratado alfonsí) y lleva un indicador que corresponda a la graduación 0° de la anomalía media, se hace coincidir este indicador con la graduación correspondiente a la longitud media del planeta sobre el *çerco que está en drecho del leuador;* del mismo modo se hace coincidir el agujero del centro de la lámina de los epiciclos con la misma graduación correspondiente a la longitud media del planeta sobre el *leuador.* Dado que las divisiones de estos dos círculos concéntricos han sido proyectadas desde el ecuante, resulta obvio que si prolongamos el radio que pasa por el indicador de la lámina de los epiciclos (anomalía media = 0°), aquél llegará forzosamente al centro del ecuante. Tendremos, entonces, el epiciclo bien situado y su centro se encontrará sobre el radio que une el centro del ecuante con la graduación que marcaría, sobre el círculo ecuante, la longitud media del planeta. A continuación tomaremos la anomalía media, a partir del indicador, y determinaremos la posición del planeta sobre el epiciclo. Finalmente, con una regla que pase por el centro de la lámina y por la posición del planeta sobre el epiciclo, determinaremos la longitud verdadera del planeta sobre la eclíptica.

2. *Los parámetros de Ibn al-Samḥ*

El texto alfonsí nos detalla cuidadosamente los parámetros utilizados por Ibn al-Samḥ para construir su ecuatorio y conviene considerarlos brevemente. Así, el capítulo 13 (Rico III, p. 262) nos da las posiciones de los apogeos planetarios para el año 416 H./1025-26 de J. C., y añade que la constante de precesión a añadir por cada año transcurrido a partir de esta fecha es de 1° por cada 68 años lunares, lo que equivale a 1° por cada 66 años solares. Este valor de la precesión es el que nos da al-Battānī (Nallino I, p. 114), lo cual debe movernos a comparar las posiciones de los apogeos que nos da Ibn al-Samḥ con las que proporciona al-Battānī para el año 1191 de la Era de Alejandro, cuyo inicio es el 1 de septiembre del 879 de J. C.: han transcurrido, por tanto, 146 años solares entre la fecha de al-Battānī y la que menciona Ibn al-Samḥ, durante los cuales, al ritmo de precesión citado, los apogeos habrán avanzado 2; 12,44°. En efecto:

	Ibn al-Samḥ	al-Battānī	Diferencia
Saturno	246; 40°	244; 28°	2; 12°
Júpiter	166; 40°	164; 28°	2; 12°
Marte	129; 10°	126; 18°	2; 52°
Sol/Venus	84; 27°	82; 14°	2; 13°
Mercurio	203; 40°	201; 28°	2; 12°

Queda, a mi entender, patente que la lista de longitudes de los apogeos que nos proporciona Ibn al-Samḥ deriva de la de al-Battānī añadiendo una constante de precesión de 2; 12°. Las anomalías en los casos de Marte, por una parte, y Sol/Venus, por otra, son fáciles de justificar si aceptamos que en el caso de Marte, la longitud calculada por Ibn al-Samḥ sería de 129; 50°: resulta muy fácil una confusión, en el sistema *abŷad* entre un *yā'* (=10) y un *nūn* (=50). Otra alternativa posible nos la sugiere el propio NALLINO (I, 114, n. 4), el cual, en su edición, corrige los 126; 58° del manuscrito árabe en 126; 18°. Igualmente en el caso del Sol y de Venus la longitud correcta sería de 84; 26°: aquí se ha producido una confusión entre *kāf-wāw* (=26) y *kāf-zāy* (=27).

Igualmente el mismo capítulo 13 nos da las posiciones de los nodos ascendentes de los planetas. Se trata, con algún error sin importancia, de las mismas posiciones que aparecen en el *zīŷ* de al-Jwārizmī-Maslama (SUTER, 1914, p. 15) y que son muy próximas a las que se encuentran en el manuscrito del Escorial que parece contener el *al-Zīŷ al-Mumtaḥan* (VERNET, 1956, p. 513):

	Ibn al-Samḥ	al-Jwārizmī-Maslama	Mumtaḥan
Saturno	103°	103; 12°	103; 17°
Júpiter	82°	82; 1°	182; 0° *(sic)*
Marte	21°	21; 54°	21; 35°
Venus	60°	59; 27°	60; 0°
Mercurio	21°	21; 10°	21; 0°

Otro capítulo a considerar está constituido por los parámetros de las excentricidades y radios de los epiciclos. Los valores de las excentricidades aparecen en los capítulos 2 (Venus), 4 (Saturno), 5 (Júpiter), 6 (Marte) y 7 (Mercurio), mientras que los parámetros correspondientes a los radios de los epiciclos se encuentran en el capítulo 3 (Venus) y 8 (restantes planetas). Las unidades en las que se expresan estos parámetros aparecen explicadas en el capítulo I (RICO III, p. 245), en el que el tratadista describe una regla de alambre o pergamino cuya longitud sea igual a la del radio del trópico de Capricornio en un astrolabio: en el ecuatorio entiendo que esta regla debe tener una longitud igual al máximo círculo que aparece trazado sobre cada lámina planetaria, o sea el círculo de la eclíptica. Esta regla está dividida en 10 partes iguales *(partes mayores)* cada una de las cuales se encuentra, a su vez, dividida en 12 *partes menores*. Si suponemos el radio de la eclíptica dividido en 60^p, cada *parte mayor* valdrá 6^p sexagesimales y cada *parte menor* $0;30^p$ sexagesimales del radio de la eclíptica. Ahora bien, dado que los radios de los deferentes planetarios son, como hemos visto, iguales a la mitad del radio de la eclíptica, para «normar» (cf. KENNEDY, 1960, pp. 168-170) tanto excentricidades como radios de los epiciclos deberemos duplicar los valores obtenidos con las equivalencias anteriores. Los parámetros que doy a continuación han sido «normados» y podremos comprobar fácilmente que son ptolemaicos:

Excentricidades planetarias

	Ibn al-Samḥ	Almagesto (XI,10)
Saturno	3; 30ᵖ	3; 25ᵖ
Júpiter	2; 45ᵖ	2; 45ᵖ
Marte	6; 0ᵖ	6; 0ᵖ
Venus	1; 15ᵖ	1; 15ᵖ
Mercurio	3; 30ᵖ / 3; 0ᵖ	3; 0ᵖ

La tabla que acabo de transcribir resulta suficientemente elocuente por sí misma y sólo requiere una observación: el capítulo 7 (Rico III, p. 253) menciona dos veces la excentricidad de Mercurio: la primera habla de una doble excentricidad de VII (posible error por VI) y la segunda cita explícitamente VI, el valor ptolemaico. El mismo carácter ptolemaico tienen los radios de los epiciclos:

Radios de los epiciclos

	Ibn al-Samḥ	Almagesto (XI,10)
Saturno	6; 30ᵖ	6; 30ᵖ
Júpiter	11; 30ᵖ	11; 30ᵖ
Marte	39; 30ᵖ	39; 30ᵖ
Venus	43; 0ᵖ	43; 10ᵖ
Mercurio	22; 30ᵖ	22; 30ᵖ

Conviene mencionar aquí, aunque sólo sea de pasada, los casos especiales relativos a Mercurio, la Luna y el Sol. En lo que respecta a los dos primeros, Ibn al-Samḥ expone dos modelos distintos para cada uno: un modelo simplificado y otro complejo plenamente ptolemaico. A este hecho alude explícitamente en el capítulo 15 (Rico III, pp. 263-264) cuando afirma:

> «Sepas que la lámina de los çercos de mercurio déuese sennalar dotra manera que non dixiemos en el capítulo VII, maguer que non a differencia entrell uno et ell otro sinon poca, et nos tomemos la más ligera carrera pora fazerlo, et lexemos la otra porque es grieue de fazer. Et assí lo fiziemos en la Luna, que tomamos la carrera que dixo Ptolomeo en el quarto dicho de so libro, et según

obrauan los sabios de India, et es cierta en las conjunciones et en las opposiciones, mas non en las quadraduras.»

En efecto, el modelo simplificado del movimiento lunar (una simple excéntrica) que se describe en el capítulo 9 (RICO III, p. 256) corresponde al modelo lunar con una sola desigualdad que aparece en el *Almagesto* IV, 6, y modelos semejantes son los que subyacen a las tablas para determinar la longitud de la Luna en el *Sindhind* de al-Jwārizmī (cf. NEUGEBAUER, 1962, pp. 21-22; MILLÁS VENDRELL, 1963, p. 41). En este modelo Ibn al-Samḥ utiliza una excentricidad de $4;48^p$ que parece derivar del parámetro $4;46^p$ hallado por Hiparco para el radio del epiciclo lunar en el modelo en el que el centro del deferente coincide con el centro del universo (cf. PEDERSEN, 1974, p. 177).

No deseo entretenerme ahora con los modelos ptolemaicos de la Luna (RICO III, pp. 267-268) ni de Mercurio (RICO III, pp. 263-267) por más que el primero resulte relativamente sencillo de entender en el ecuatorio de Ibn al-Samḥ, ya que implica un *modus operandi* muy semejante al del ecuatorio de Abū-l-Ṣalt de Denia que ha sido puesto en claro por KENNEDY (1970, p. 80). Sí quisiera aclarar, en cambio, que los parámetros del modelo lunar —al igual que los de Mercurio— son ptolemaicos. Esto resulta obvio en lo que respecta al radio del epiciclo lunar ($5;15^p$), pero no lo es tanto en lo que se refiere a la excentricidad. En efecto, en el modelo lunar ptolemaico (cf. PEDERSEN, 1974, p. 185) el radio del deferente es:

$$r = 60^p - \text{excentricidad} = 60^p - 10;19^p = 49;41^p$$

En el ecuatorio de Ibn al-Samḥ, por su parte, debemos considerar que la dimensión 60^p corresponde al segmento de un diámetro del deferente que parte del centro del universo y apunta en dirección a Áries 0°, de modo que:

$$60^p = r + e$$

(exactamente igual que en el modelo ptolemaico). Ahora bien, en el ecuatorio este segmento aparece dividido en 12 *partes mayores* (cada una de las cuales equivaldrá, por tanto, a 5^p sexagesimales) y cada *parte mayor* se considera dividida en 5 *partes menores* (1 *parte menor* = 1^p sexagesimal). El valor de la excentricidad lunar es, según el texto alfonsí, de 2 *partes mayores* y 3 *menores,* equivalentes, por tanto, a 13^p sexagesimales. Si damos por bueno este valor obtendremos un radio del deferente lunar:

$$r = 60^p - 13^p = 47^p$$

Con lo cual tendríamos que aceptar el uso de parámetros no ptolemaicos y no sabríamos exactamente de dónde proceden. El problema se resuelve si aceptamos un pequeño error de traducción muy fácil de entender: el texto árabe debía llevar *ṯulṯ* (un tercio), pero el traductor alfonsí leyó *ṯalāṯ* (tres): ambas formas pueden confundirse en un texto árabe sin vocales si se supone el uso de una *scriptio defectiva* que es corriente en *ṯalāṯ*. De esta forma hay que entender que el parámetro utilizado por Ibn al-Samḥ para la excentricidad sería de 2 *partes mayores* y 1/3 de *parte menor* con lo que tendríamos una excentricidad no «normada» de 10; 20^p sexagesimales (frente a las 10; 19^p ptolemaicas) y un radio del deferente de 49; 40^p (Ptolomeo: 49; 41^p).

Un último apartado de interés dentro de este capítulo está constituido por el caso del Sol. Empecemos por transcribir el comienzo del capítulo 10 de la versión alfonsí (RICO III, pp. 257-258):

> «Si esto quisieres fazer, sabe que el çerco del Sol es tal cuemo el çerco leuador de Venus, et este çerco puede servir a amas las planetas, que son el Sol et Venus, porque ell alaux de cada una destas dos planetas es uno. Et otrossí la longura del centro del leuador de cada una dellas del centro del mundo es uno, et el Sol non a mester peciclo, et por esto podrás escusar con esta de Venus la del Sol.»

El pasaje es interesante e incide directamente en lo expuesto por GOLDSTEIN (1977), quien señala que la astronomía islámica aceptó modelos derivados del *Zīŷ al-Šāh* y de la astronomía india en los que se establecía que la excentricidad del Sol y la de Venus eran idénticas y que ambos cuerpos celestes tenían el mismo apogeo. Esta tradición parece implicar que la órbita solar puede servir como deferente para Venus, pero, según GOLDSTEIN, ningún autor medieval parece haberla interpretado de este modo. El pasaje de Ibn al-Samḥ que acabo de citar es, tal vez, el ejemplo más claro de que disponemos de una mención explícita del uso de la excéntrica solar como deferente para Venus, aunque nos encontremos en el contexto artificial de un ecuatorio. Para que el texto citado no nos lleve a confusión ninguna, recuérdese que el ecuatorio en cuestión permuta las posiciones del centro del deferente y del centro del ecuante, razón por la cual «la longura del centro del leuador de cada una dellas del centro del mundo» equivale, en este caso, a la doble excentricidad de Venus o a la excentricidad solar.

El mencionado capítulo de Ibn al-Samḥ señala, por otra parte, la posibilidad de construir, para su ecuatorio, una lámina solar. Ahora bien, nuestro autor describe, de hecho, un calendario zodiacal como los que aparecen frecuentemente en el dorso de los astrolabios hispanoárabes y magrebíes (ZINNER, 1944; MILLÁS, 1947; SAMSÓ, 1980). Nada de particular tiene este calendario zodiacal salvo el uso de una excentricidad de $1/30 = 2^p$ sexagesimales en lugar de las $2;30^p$ ptolemaicas. El origen de este parámetro se encuentra, tal vez, en el *zīŷ* de al-Battānī, que utiliza una ecuación máxima del Sol de $1;59,10°$ al que correspondería una excentricidad de $2;4,46^p$.

3. *Ecuatorios y astrolabios*

Una lectura atenta del tratado de Ibn al-Samḥ sobre la construcción del ecuatorio nos brinda una sorpresa a partir ya del primer capítulo: las láminas del ecuatorio van introducidas dentro de la *madre* de un astrolabio. Las referencias que pueden reunirse son lo suficientemente explícitas. En el cap. 1 (RICO III, p. 245) se alude a la regla de alambre o pergamino «tan luenga cuemo medio diámetro del çerco de Capricornio, que es el mayor archo que a en las láminas del astrolabio». Mucho más claro resulta el pasaje siguiente (RICO III, p. 245) que se encuentra dentro de la descripción de la lámina de Venus:

> «sácala et ponla de suso sobre todas las láminas, de guissa que sea con la sobrefaz de la armella que es soldada con la madre en ell astrolabio, et mete el pedaçuelo que a demás en la lámina en el fondo que es en esta armella sobredicha, de guisa que non se pueda meçer la lámina.»

Una nueva referencia de la misma índole aparece en la descripción del modelo simplificado de la lámina lunar en la que un punto de la excéntrica lunar corresponde al «logar de aquel pedaçuelo que es demás en cabo de la lámina, el que a de entrar en la cauadura que es en el çerciello que está soldado con la madre» (RICO III, 256).

Finalmente, el capítulo 14 (RICO III, p. 263) aclara definitivamente la cuestión al ocuparse de la manera de utilizar el instrumento: en él se nos expone la razón que ha movido a Ibn al-Samḥ a prescindir del círculo ecuante en la versión definitiva del instrumento y a resolver el problema de determinar la posición del centro del epiciclo planetario mediante el uso ingenioso de un *leuador* y un *çerco que es en drecho del leuador* que deben ser concéntricos. La causa última de esta disposición radica precisamente en el hecho de que el centro del ecuante desaparece en la versión definitiva del instrumento por encontrarse muy próximo al centro de la lámina en el cual se encuentra el agujero que atraviesa el caballete del astrolabio («et el centro del alaux non puede fincar por ell forado del astrolabio, ca se pierde el centro por ello»). Por otra parte, Ibn al-Samḥ reconoce la posibilidad de prescindir del *çerco que es en drecho del leuador* y de utilizar en su lugar el círculo ecuante (graduado) y el *leuador* (sin graduar). Pero aclara que «esto non puede seer en ell astrolabio, sinon en láminas o en taulas cada una apartada por sí».

Un ecuatorio, por otra parte, requiere por parte del que lo utiliza el conocer la longitud media y la anomalía media del planeta en un momento determinado. El usuario puede, obviamente, obtener estos datos de unas tablas astronómicas *(zīŷ)*, pero no es infrecuente que tablas de esta índole aparezcan inscritas sobre el instrumento mismo. Es el caso, por ejemplo, del ecuatorio de al-Kāšī (KENNEDY, 1960, pp. 66-67 y 184-190) y el del de Ibn al-Samḥ, ya que podemos leer en el texto alfonsí (RICO III, p. 260):

> «Por tal que sean estas láminas más complidas, et porque obren con ellas sen libro et sen taulas, conuiene que pongamos en ellas taulas del mouimiento de sos centros [*i.e.* de longitudes medias] et de sos argumentos [*i.e.* de anomalías medias], et podremos fazer esto en poner entrel çerco del leuador et el que es en so drecho, á cada planeta una taula, et partirla emos á collectos, et a espandidos, et á meses, et á días, et á oras, assí cuemo lo uerás figurado en este capítolo XII.»

De hecho la necesidad de incluir estas tablas entre los dos círculos concéntricos en la lámina correspondiente a cada planeta es uno de los argumentos utilizados por Ibn al-Samḥ para defender el procedimiento que ha expuesto para determinar la posición del centro del epiciclo sobre la lámina: si las tablas de movimientos medios debieran estar situadas entre el círculo del deferente y el círculo ecuante, que no son concéntricos, el espacio comprendido entre ambos sería más ancho en unos lugares y más estrecho en otros (RICO III, p. 263).

La disposición de estas tablas puede conocerse gracias a la descripción y a la ilustración que aparecen en el capítulo 12 del texto alfonsí (RICO III, p. 261). Si confiamos en la ilustración de la edición de RICO, estas tablas estarían estructuradas en:

annos espandidos: 1, 2, 3, 4, ... 30.
annos collectos: 60, 90, 180, 360.
meses: 1, 2, 3, 4, ... 12.
días: 1, 2, 3, 4, 5, 10, 20, 30.
horas: 1, 2, 3, 4, 5, 6, 12, 24.

De esta estructuración se desprende inmediatamente que estas tablas de movimientos medios utilizadas en el ecuatorio de Ibn al-Samḥ utilizaban el calendario lunar musulmán dado que estaban basadas en ciclos de 30 años y que el máximo número de días por mes es de 30. Este hecho concuerda perfectamente con lo que cabría esperar de un discípulo de Maslama, astrónomo que adaptó las tablas de al-Jwārizmī, que utilizaban el calendario solar persa, al calendario musulmán.

La presencia de tablas de movimientos medios no llama la atención, como hemos visto, en un ecuatorio, pero sí extraña, en cambio, que las mencionadas tablas aparezcan en un astrolabio. De hecho este ecuatorio de Ibn al-Samḥ nos permite, ahora, entender claramente la misteriosa referencia que aparece en un tratado latino sobre construcción del astrolabio atribuido a Juan Hispano y que fue editado por MILLÁS (1942, p. 325) y de la que me ocupé recientemente (SAMSÓ, 1981):

> «quidam uero uolentes astrolabium perfectum facere sculpiunt in quibusdam tabellis medios cursus planetarum adque *(sic)* equationes annorum quoque et mensium ab inuicem extractiones sicut in... *(blanco en el ms.)* qui dicitur liber directionum inuenitur.»

Al llamar la atención sobre este pasaje en mi trabajo anterior sólo se me ocurrió pensar en el *Zīŷ al-ṣafā'iḥ* de Abū Ŷaᶜfar al-Jāzin (m. entre 961 y 971), estudiado por KING (1980) y sugerí la posibilidad de que el mencionado *zīŷ* hubiera sido conocido en al-Andalus. Hoy me parece obvio que Juan Hispano se está refiriendo al ecuatorio-astrolabio de Ibn al-Samḥ o a un instrumento similar, pero la hipótesis de un posible eco de al-Jāzin sigue en pie. Recordemos que en el instrumento descrito por KING hay indicios de que las láminas conservadas formaban parte de un ecuatorio, pero KING cree que esto se debe a modificaciones introducidas por el constructor del mismo, Hibat Allāh ibn al-Ḥusayn al-Asṭurlābī, un célebre constructor de instrumentos bagdadí de principios del siglo XII. Me pregunto, no obstante, si el instrumento descrito por al-Jāzin en su *zīŷ* no sería un ecuatorio-astrolabio similar al de Ibn al-Samḥ y si no tendríamos, aquí, un origen oriental de este tipo de computador analógico que parece haberse desarrollado sobre todo en al-Andalus. El instrumento de al-Jāzin tendría, entonces, pleno sentido y, en lo que respecta a sus ecos en la España Musulmana, recuérdese —aunque sin dar excesiva importancia al dato— que el título del tratado de Azarquiel sobre el uso del ecuatorio es *Kitāb al-ᶜamal bi-l-ṣafīḥa al-zīŷiyya,* expresión que parece un auténtico juego de palabras con *zīŷ al-ṣafā'iḥ* (MILLÁS, 1943-50, p. 460).

4. *Conclusiones*

En las páginas precedentes he tratado de poner de relieve algunas de las características fundamentales del ecuatorio de Ibn al-Samḥ. He analizado los parámetros utilizados en la descripción del instrumento demostrando que la longitud de los apogeos planetarios deriva de al-Battānī mientras que los restantes parámetros son claramente ptolemaicos con la excepción de las longitudes de los nodos ascendentes de los planetas que pueden derivar tanto de al-Jwārizmī como de las *al-Zīŷ al-Mumtaḥan.* Llama la atención en un astrónomo como Ibn-al-Samḥ, cuyo nombre se ha visto siempre asociado a una revisión del *Sindhind,* este predominio de materiales ptolemaicos, pero debe recordarse que nuestro astrónomo era discípulo de Maslama y que éste, pese a ser el autor de la revisión del *Sindhind* que actualmente conservamos, se dedicó con gran interés al estudio del *Almagesto* (cf. VERNET-CATALÁ, 1965, p. 17). Por otra parte, la difusión del *zīŷ* de al-Battānī en al-Andalus está bien documentada desde la segunda mitad del siglo X (VERNET, 1965, pp. 545-546): la idea del uso de la excéntrica solar como deferente para Venus o viceversa pudo llegarle a Ibn al-Samḥ, tanto a través del *Sindhind* como de las tablas de al-Battānī (GOLDSTEIN, 1977).

Un segundo aspecto a subrayar brevemente es el de que el ecuatorio de Ibn al-Samḥ utiliza una lámina por planeta además de una lámina para todos los epiciclos. Las láminas planetarias se disponen en el interior de la madre de un astrolabio y cada una de ellas lleva unas tablas de los movimientos medios del planeta en longitud y en anomalía. Nos encontramos, pues, ante un instrumento híbrido, astrolabio-ecuatorio, con ciertos rasgos que hacen pensar en el *Zīŷ al-ṣafā'iḥ* de Abū Ŷaᶜfar al-Jāzin (KING, 1980; SAMSÓ, 1981), lo cual plantea el problema del posible origen oriental de los ecuatorios andalusíes.

Por último quisiera señalar que POULLE (1980, pp. 196-197) da una interpretación ligeramente distinta del uso del instrumento de la que he expuesto aquí. Para Poulle la lámina de los epiciclos llevaría dos *almuris* situados en dos puntos diametralmente opuestos y que se situarían en dos graduaciones idénticas del *leuador* y del *çerco que es en so drecho.* Esta hipótesis de Poulle puede apoyarse en la ilustración que, en la edición de RICO Y SINOBAS (III, p. 283), acompaña a la descripción de la lámina de los epiciclos del ecuatorio de Azarquiel en la que, efectivamente, aparecen los dos *almuris,* situados en dos puntos diametralmente opuestos de la lámina. Un segundo indicio en apoyo de la interpretación de POULLE sería el hecho de que ni el texto de Ibn al-Samḥ ni el de Azarquiel aluden para nada a un orificio en el centro de la lámina de los epiciclos. A esta argumentación yo opondría las tres razones siguientes:

1.ª El texto de Ibn al-Samḥ insiste repetidamente en que el *radio* (no el *diámetro*) del epiciclo de Venus es de 21; 30ᵖ igual a la diferencia entre las longitudes de los radios del *leuador* y del *çerco que es en so drecho* en las láminas de los deferentes planetarios. Recuérdese que el parámetro 21; 30 está referido al radio de la eclíptica en la lámina: si lo «normamos» en relación al radio del deferente del planeta, obtenemos un radio del epiciclo de Venus de 43; 0ᵖ, prácticamente ptolemaico.

2.ª Aceptar la hipótesis de Poulle implica introducir cambios importantes en los parámetros ptolemaicos correspondientes a la excentricidad y al radio de los epiciclos. Lo mismo sucede en el ecuatorio de Azarquiel cuyos parámetros resultan muy anómalos si se sigue la interpretación de Poulle.

3.ª El capítulo 14 del texto alfonsí (Rico III, p. 263) resulta suficientemente explícito: «Et con esto podiemos escusar el centro dell alaux sobredicho, en poniendo *el centro del peciclo sobre la quantía del mouimiento del centro sobrel leuador,* et no *(sic)* poner otrossí el demostrador sobre aquella misma quantía en el çerco que es en drecho del leuador».

BIBLIOGRAFÍA CITADA

GOLDSTEIN, 1974: Bernard R. Goldstein, *The Astronomical Tables of Levi ben Gerson.* «Transactions published by the Connecticut Academy of Arts and Sciences» (New Haven, Connecticut), vol. 45 (december, 1974), 1-285.

GOLDSTEIN, 1977: Bernard R. Goldstein, *Remarks on Ptolemy's equant model in Islamic Astronomy.* «Prismata. Naturwissenschaftsgeschichtliche Studien. Festschrift für Willy Hartner.» Herausgegeben von Y. Maeyama und W. G. Saltzer. Wiesbaden, 1977, pp. 165-181.

KENNEDY, 1960: E. S. Kennedy, *The Planetary Equatorium of Jamshīd Ghiyāth al-Dīn al-Kāshī (d. 1429).* Princeton, 1960.

KENNEDY, 1970: E. S. Kennedy, *The Equatorium of Abū al-Ṣalt.* «Physis» 12 (1970), 73-81.

KING, 1980: David A. King, *New Light on the «Zīj al-Ṣafā'iḥ» of Abū Jaᶜfar al-Khāzin.* «Centaurus» 23 (1980), 105-117.

MILLÁS, 1942: José M.ª Millás Vallicrosa, *Las traducciones orientales en los manuscritos de la Biblioteca Catedral de Toledo.* Madrid, 1942.

MILLÁS, 1943-50: José M.ª Millás Vallicrosa, *Estudios sobre Azarquiel.* Madrid-Granada, 1943-50.

MILLÁS, 1947: José M.ª Millás Vallicrosa, *Sobre la valoración de la ciencia arábigo-española de fines del siglo X y principios del XI.* «Al-Andalus» 12 (1947), 199-210. Reedición con el título de *Aspectos de la astronomía arábigoespañola...* en «Estudios sobre historia de la ciencia española» (Barcelona, 1949), 111-123.

MILLÁS VENDRELL, 1963: Eduardo Millás Vendrell, *El comentario de Ibn al-Muṯannā᾽ a las Tablas Astronómicas de al-Jwārizmī. Estudio y edición crítica del texto latino en la versión de Hugo Sanctallensis.* Madrid-Barcelona, 1963.

NALLINO: C. A. Nallino, *Al-Battānī sive Albatenii. Opus Astronomicum.* 3 vols. Milán, 1903-1907.

NEUGEBAUER, 1962: O. Neugebauer, *The Astronomical Tables of al-Khwārizmī. Translation with Commentaries of the Latin Version edited by H. Suter supplemented by Corpus Christi College MS 283.* Historisk-filosofiske Skrifter udgivet af Det Kongelige Danske Videnskabernes Selskab. Bind 4, nr. 2. Kobenhavn, 1962.

PEDERSEN, 1974: Olaf Pedersen, *A Survey of the Almagest.* Odense, 1974.

POULLE, 1980: Emmanuel Poulle, *Les instruments de la théorie des planètes selon Ptolémée: Équatoires et horlogerie planétaire du XIIIe au XVIe siècle.* 2 vols. Genève-Paris, 1980.

RICO III: Manuel Rico y Sinobas, *Libros del saber de astronomía del rey D. Alfonso X de Castilla.* Vol. III. Madrid, 1864.

SAMSÓ, 1980: Julio Samsó, *Alfonso X y los orígenes de la astrología hispánica.* En «Estudios sobre Historia de la Ciencia Árabe» editados por Juan Vernet. Barcelona, 1980, págs. 83-114.

SAMSÓ, 1981: Julio Samsó, *¿Un nuevo dato sobre el* Zīŷ al-ṣafā᾽iḥ *de Abū Ŷa᾽far al-Jāzin?* «Al-Qanṭara» 2 (1981), 461-464.

SUTER, 1914: H. Suter, *Die Astronomischen Tafeln des Muḥammed ibn Mūsā al-Khwārizmī in der Bearbeitung des Maslama ibn Aḥmed al-Madjrīṭī und der Latein. Uebersetzung des Athelhard von Bath.* Det Kgl. Danske Videnskabernes Selskabs Skrifter, 5te Raekke. Historisk og filosofisk Afdeling. Kobenhavn, 1914.

VERNET, 1956: J. Vernet, *Las «Tabulae Probatae».* En «Homenaje a Millás Vallicrosa» II (Barcelona, 1956), pp. 501-522. Reed. en «Estudios sobre Historia de la Ciencia Medieval» (Barcelona-Bellaterra, 1979), 191-212.

VERNET, 1965: Juan Vernet, *La ciencia en el Islam y Occidente.* En «Settimane di studio del Centro italiano di studi sull'alto medioevo» (Spoleto) 12 (1965), 537-572. Reed. en «Estudios sobre Historia de la Ciencia Medieval», pp. 21-56.

VERNET-CATALÁ, 1965: J. Vernet y M. A. Catalá, *Las obras matemáticas de Maslama de Madrid.* «Al-Andalus» 30 (1965), 15-45. Reed. en «Estudios sobre Historia de la Ciencia Medieval», pp. 241-271.

WEGENER, 1905: Alfred Wegener, *Die astronomischen Werke Alfons X.* «Bibliotheca Mathematica» 6 (1905), 129-185.

ZINNER, 1944: E. Zinner, *Un invento español del siglo X.* «Euclides» n.º 42 (1944), 559-562.

LAS POSICIONES DE LOS APOGEOS PLANETARIOS EN EL ECUATORIO DE AZARQUIEL

EDUARDO MILLÁS VENDRELL

En este mismo volumen aparece un estudio de SAMSÓ (1983) sobre los parámetros que se encuentran en el ecuatorio de Ibn al-Samḥ. Samsó analiza los parámetros utilizados en la descripción del instrumento y demuestra que las longitudes de los apogeos de las órbitas planetarias que da Ibn al-Samḥ derivan de las establecidas por al-Battānī, añadiendo la correspondiente constante para dar cuenta de la precesión entre los años transcurridos. En el tratado sobre la construcción del ecuatorio de Azarquiel, que se encuentra en la edición de RICO y SINOBAS (III, 272-284) inmediatamente después del tratado de Ibn al-Samḥ, aparecen dos series más de posiciones de los apogeos (RICO III, 272-273), pero ninguna de las dos coincide con la que aparece en el tratado sobre el uso del ecuatorio del propio Azarquiel (edición parcial del texto árabe y traducción castellana de MILLÁS-VALLICROSA, 1943-50, p. 473), ni tampoco coincide con la de las *Tablas de Toledo,* atribuidas también a Azarquiel (TOOMER, 1968, p. 45). Los datos correspondientes a las tres fuentes citadas, conjuntamente con los que se encuentran en las tablas de al-Jwārizmī-Maslama (SUTER, 1914, pp. 14-15) y al-Battānī (NALLINO, 1903, I, p. 114), las dos tablas no hispánicas más utilizadas en la España medieval hasta el siglo XIII, se recogen en el cuadro siguiente:

	Azarquiel Ecuatorio alfonsí (473 H/1080-81) Long. Trópica	 Long. sidérea	 Dif.	Ec. árabe	T. Toledo	Batt.	al-Jwarizmi-Maslama
Saturno	247;50°	240;6°	7;44°	247;24°	240;5°	244;28°	244;55°
Júpiter	157;15° (¿167;15°?)	160°	-2;45° (7;15°)	164°	164;30°	164;28°	172;32°
Marte	129°	121;40°	7;20°	129°	121;50°	126;18°	128;24°
Venus	85;50°	78;30°	7;20°	77;55°	77;50°	82;14°	81;15°
Mercurio	—	200°	—	204°	197;30°	201;28°	224;54°

La identificación de las dos distintas series de longitudes de los apogeos, que aparecen en el ecuatorio alfonsí, como longitudes trópicas y sidéreas, respectivamente, se basa en las siguientes frases de Azarquiel, que siguen a la enumeración de la primera serie de longitudes (RICO III, p. 273):

> «Et estos logares son contados en el cerco de los signos de la cabeça de aries. que es en el punto de equinoctio. et estos logares son sobre oppinion daquellos que obran con el mouimiento en este nuestro tiempo. segund yo asmo que es cierto. Et el punto natural de la cabeça de aries es adelantre del punto equinoctio do es la taíadura del çerco de los signos con el çerco dell yguador del dia con .VII. grados. et .XVIII. menudos. et aun mostraré ell aueriguamiento desta longura en el libro que yo fiz. que fabla en ell anno del sol.»

A la vista de los datos presentados hasta el momento, quisiera hacer las siguientes observaciones:

1. Las cifras que aparecen en el texto editado por RICO y SINOBAS no son fiables, dado que la diferencia entre ambas series de longitudes de los apogeos no es constante. Posiblemente las posiciones de los apogeos de Marte y de Venus sean correctas dado que se repite la diferencia de 7; 20°. Notemos también que, posiblemente, eso sea el resultado de redondear los 7; 18° de que habla Azarquiel, quien se muestra un tanto escéptico acerca de la posibilidad de alcanzar, en la práctica, una precisión de minutos:

> «Et quando me tú oyeres dezir grados et menudos en algun logar. sabe que los menudos son graues de poner escatimadamientre. mas pon dellos aquello que podieres poner» (RICO III, p. 273).

2. Es fácil comprobar también que las posiciones dadas por Azarquiel no derivan ni de al-Jwārizmī-Maslama ni tampoco de al-Battānī. Hemos comparado también las posiciones de Azarquiel con las que aparecen en el *Zīŷ al-Šāh* (PINGREE, 1968, p. 50) con resultados negativos, salvo para el caso de Júpiter, en el que la longitud sidérea del apogeo es de 160° en ambas fuentes. Por tanto, cabe plantear la posibilidad de que estas posiciones de los apogeos que nos proporciona Azarquiel sean originales.

3. Cabe plantearse cuál es el origen del valor 7; 18° establecido por Azarquiel como diferencia entre la posición de la cabeza de Aries móvil y el punto equinoccial fijo para el año 473 H/1080-81. Es evidente que la terminología utilizada por Azarquiel remite a un modelo de trepidación.

Dos son los modelos de esa índole conocidos en esa época: el de Ṯābit b. Qurra y el del propio Azarquiel. Sobre este tema pueden verse los trabajos de MILLÁS-VALLICROSA (1943-50, pp. 239-343 y pp. 487-509), NORTH (1967, pp. 73-83), NEUGEBAUER (1962, pp. 290-299), GOLDSTEIN (1964, pp. 232-247) y MERCIER (1976-77, pp. 197-220 y 33-71).

Sea cual fuere el modelo utilizado, el problema se reduce en ambos casos a calcular la longitud del punto Aries móvil para el año 473 H. Si empezamos por aplicar el modelo de Azarquiel, la diferencia de longitud entre los dos puntos Aries, el móvil y el fijo, resulta ser de 7; 30,44°, valor próximo, aunque no idéntico, a los 7; 18° de que habla Azarquiel. En cambio, el resultado que se obtiene utilizando el modelo de Ṯābit b. Qurra, permite plantear una hipótesis acerca del origen de los mencionados 7; 18°. Por esta razón desarrollaré los cálculos *in extenso:*

Empiezo por calcular el valor del ángulo *i* (cf. fig.) utilizando la tabla que aparece en MILLÁS-VALLICROSA (1943-50, p. 507)

450	1^s	10; 18,33°	
23		1; 58,48°	
473	1^s	12; 17,21°	= 42; 17,21° = *i*

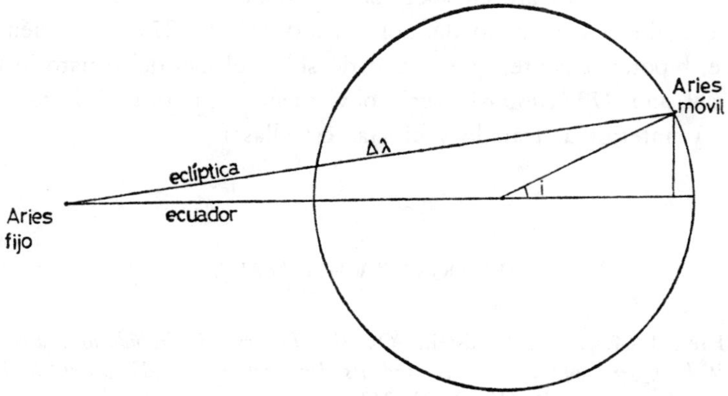

Podemos calcular a continuación el Δ λ utilizando la tabla de la *Equatio diversitatis longitudinis capitis arietis ab equatore diei* (MILLÁS-VALLICROSA, 1943-50, p. 508). Tenemos:

	45°	7; 36,35°
	40°	6; 53,12°
(diferencia)	5°	0; 43,23°

y, por interpolación lineal, hallaríamos que a 2; 17,21° le corresponde un incremento de 0; 19,52°, que, sumado a los 6; 53,12° correspondientes a un argumento de 40°, da como resultado, para $i = 42;17,21°$:

$$\Delta \lambda (i) = 7;13,4°$$

Hemos obtenido así un resultado mucho más próximo a los 7; 18° que nos da Azarquiel, que el obtenido cuando utilizamos el modelo y las tablas de este autor. Por otra parte, si tenemos en cuenta que en el sistema *abŷad,* 13 se expresa *yāʾ-ŷīm* y 18 *yāʾ-ḥāʾ,* y que resulta facilísimo confundir las letras *ŷīm* y *ḥāʾ,* no es inverosímil suponer que el valor primitivamente calculado por Azarquiel hubiera sido precisamente el de 7; 13°, confundido inmediatamente con 7; 18° y redondeado en 7; 20° que, como hemos visto, es la diferencia entre las longitudes trópica y sidérea de los apogeos de Marte y Venus. Si esta hipótesis fuera correcta habría que suponer que Azarquiel compuso su tratado sobre la construcción del ecuatorio antes de desarrollar su modelo propio de la trepidación. Este modelo lo conservamos en su tratado sobre el movimiento de las estrellas fijas (MILLÁS-VALLICROSA, 1943-50, pp. 239-343). Al tema de la trepidación se habría referido también Azarquiel en su libro sobre el año solar, según se desprende de sus propias palabras: «et aun mostraré ell aueriguamiento desta longura en el libro que yo fiz. que fabla en ell anno del sol» (RICO III, p. 273). También podría concluirse, hipotéticamente, que el tratado sobre el uso del ecuatorio (escrito después del año 473/1080-81) sería obviamente posterior al libro sobre el año solar y anterior al tratado sobre las estrellas fijas.

BIBLIOGRAFIA UTILIZADA

GOLDSTEIN, 1964: B. R. Goldstein, *On the Theory of Trepidation, according to Thābit b. Qurra and al-Zarqāllu and its Implications for Homocentric Planetary Theory,* «Centaurus» 10 (1964), 232-247.

MERCIER, 1976-77: R. Mercier, *Studies in the Medieval Conception of Precession,* «Arch. Int. d'Hist. des Sciences» 26 (1976), 197-220 y 27 (1977), 33-71.

MILLÁS-VALLICROSA, 1943-50: José M.ª Millás-Vallicrosa, *Estudios sobre Azarquiel.* Madrid-Granada, 1943-50.

NALLINO, 1903: C. A. Nallino, *Al-Battānī sive Albatenii. Opus Astronomicum.* 3 vols. Milán, 1903-1907.

NEUGEBAUER, 1962: O. Neugebauer, *Thâbit b. Qurra «On the solar Year» and «On the Motion of the Eighth Sphere».* «Proceedings of the American Philosophical Society», 106 (1962), 264-299.

NORTH, 1967: J. D. North, *Medieval star catalogues and the movement of the eighth sphere.* «Arch. Int. d'Hist. des Sciences» 17 (1967), 73-83.

PINGREE, 1968: D. Pingree, *The Thousands of Abū Maʿshar.* London, 1968.

RICO III: Manuel Rico y Sinobas, *Libros del saber de astronomia del rey D. Alfonso X de Castilla.* Vol. III. Madrid, 1864.

SAMSÓ, 1983: Julio Samsó, *Notas sobre el ecuatorio de Ibn al-Samḥ.* Aparecido en este mismo volumen.

SUTER, 1914: H. Suter, *Die Astronomischen Tafeln des Muḥammed ibn Mūsā al-Khwārizmī in der Bearbeitung des Maslama ibn Aḥmed al-Madjrīṭī und der Latein. Uebersetzung des Athelhard von Bath.* Kobenhavn, 1914.

TOOMER, 1968: G. J. Toomer, *A Survey of the Toledan Tables.* Osiris 15 (1968), 5-174.

SOBRE LOS MATERIALES ASTRONÓMICOS EN EL «CALENDARIO DE CÓRDOBA» Y EN SU VERSIÓN LATINA DEL SIGLO XIII

JULIO SAMSÓ

La reciente publicación de una nueva versión latina del *Calendario de Córdoba* (MARTÍNEZ GÁZQUEZ-SAMSÓ, 1981), probablemente realizada en Cataluña entre 1228 y 1235, que presenta un cierto interés con vistas al establecimiento del texto árabe de esta obra (SAMSÓ-MARTÍNEZ GÁZQUEZ, 1981), me ha hecho plantear la necesidad de un análisis de los materiales astronómicos contenidos en ella. En efecto: cuando se producen discordancias entre determinados valores numéricos que aparecen en el original árabe tal como fue editado por DOZY-PELLAT (1961) y los que se encuentran en la versión latina del siglo XIII, es difícil optar entre unos y otros aplicando criterios meramente textuales. Resulta imprescindible intentar penetrar en la lógica interna de los métodos de cálculo utilizados con vistas a seleccionar, mediante criterios matemáticos, las mejores lecturas. En este trabajo, como en otros muchos, no hago más que seguir los pasos de mi maestro VERNET (1965), que fue el primero en señalar el interés astronómico del *Calendario de Córdoba*. Por otra parte hace algo más de un año que publiqué un avance de este trabajo (SAMSÓ, 1982) y, en otra ocasión, me ocupé de las *epactas* de las que habla Gerardo de Cremona en su versión del *Calendario de Córdoba* (SAMSÓ, 1980 B). La hipótesis que entonces avancé de acuerdo con la cual las citadas *epactas* tendrían un origen árabe y remontarían, en último término, al *zīŷ* de al-Fazārī, parece que puede confirmarse ahora a la vista del fragmento de un calendario editado recientemente por G. LEVI DELLA VIDA (1981) y que conozco gracias a la amabilidad de mi compañera Ana Labarta: el fragmento en cuestión parece ser aproximadamente contemporáneo del *Calendario de Córdoba* y en él aparece una de las mencionadas *epactas* que recibe el nombre de *āya* (símbolo o característica). Finalmente, algunos de los materiales astronómicos contenidos en el manuscrito de Vich y que no parecen relacionarse con el original árabe del *Calendario* fueron analizados en las notas a la edición de la traducción latina del siglo XIII (MARTÍNEZ GÁZQUEZ-SAMSÓ, 1981) y en un trabajo posterior relativo al mismo manuscrito (MARTÍNEZ GÁZQUEZ-SAMSÓ, 1982).

Si dejamos de lado los problemas relativos a la estructuración de las estaciones del año solar (SAMSÓ, 1978), pretendo llamar la atención aquí sobre una serie de valores numéricos de nuestro calendario que no parecen haber sido estudiados hasta el momento actual. Así, unas dos veces cada mes, el *Calendario* nos da la altura meridiana del Sol, la longitud de la sombra que corresponde a la mencionada altura, la duración del día y de la noche y la de los crepúsculos matutino y vespertino (DOZY-PELLAT, 1961, pp. XII-XIV). Sigue, a continuación, un resumen rápido de las principales conclusiones a las que he llegado en mi análisis de estos materiales.

a) *Alturas meridianas del Sol:* el *Calendario de Córdoba* nos da la altura meridiana del Sol veintitrés veces a lo largo del año. Si consideramos los valores de estas alturas meridianas en las fechas correspondientes al equinoccio de primavera (18-III, 52; 30°),[1] al solsticio de verano (16-VI, 76; 20°) y al de invierno (16-XII, 28; 40°), resulta fácil de determinar que estas alturas meridianas corresponden a una latitud de 37; 30°, valor que no resulta muy corriente para Córdoba, pero que está documentado, para esta ciudad, por lo menos en uno de los manuscritos latinos de las *Tablas de Toledo* (TOOMER, 1968, p. 136, n. 3). El parámetro utilizado para la oblicuidad de la eclíptica es 23; 50°, sin duda el resultado de redondear el valor ptolemaico 23; 51° que se utiliza en el *zīŷ* de al-Jwārizmī-Maslama (NEUGEBAUER, 1962, pp. 96-97). El manuscrito de Vich presenta ciertas diferencias en estos valores de las alturas meridianas si los comparamos con el texto árabe del *Calendario de Córdoba:* las comentaré al referirme a las longitudes de las sombras correspondientes. Aquí me limitaré a indicar que la nueva traducción latina añade al texto árabe dos nuevas alturas meridianas que son perfectamente coherentes con la longitud de la sombra que aparece en el texto árabe del *Calendario:* 45° el 23 de febrero y el 8 de octubre.

b) *Sombras correspondientes a las alturas meridianas del Sol:* Los valores de estas sombras se dan en función de un gnomon constituido por

1. El *Calendario* no nos da la altura meridiana del Sol en el día del equinoccio de otoño. El valor más próximo es 54; 30° que corresponde al 15-IX.

la estatura de un hombre de pie. Resulta muy interesante el constatar que estos valores son los primeros conocidos en la España Musulmana en los que la cotangente se computa en función de un gnomon equivalente a la unidad: un significado totalmente distinto tiene la tabla de tangentes de Ibn Muᶜāḏ (c. 989 — después de 1079) (SAMSÓ, 1980 A), en la que, si bien los valores están también computados para $g = 1$, la adopción de la unidad se debe a que la tabla se calcula dividiendo el valor del seno de un ángulo por el del coseno correspondiente con lo que g resultará siempre igual a la unidad sea cual fuera el valor del radio utilizado en la correspondiente tabla de senos y cosenos. Queda, pues, claro que no debe atribuirse excesiva importancia a este hecho que aparece en un contexto muy distinto del que rodea los esfuerzos realizados, en este sentido, por los matemáticos orientales de los siglos x y xi.

He recalculado todos los valores de estas sombras (cotangentes), reduciendo las fracciones utilizadas en el *Calendario* a los valores correspondientes para $g = 12$ y he comparado estos valores con los que se obtienen, por interpolación lineal, de la tabla de sombras del *zīŷ* de al-Jwārizmī-Maslama (SUTER, 1914, p. 174). Los resultados aparecen resumidos en la *tabla 1:*

Fecha	H_m (C.C.)	Var. ms. Vich	Cotg. H_m (C.C.)	Var. ms. Vich	Cotg. H_m (C.C.) ×12 (1)	Cotg. H_m (Jw.-M.) (2)	Dif. (1)-(2)
2-I	29; 40°	—	1 3/4	—	21	21	0; 0
16-I	32; 30°	32° [2]	1 3/5	—	19; 12	18; 51	0; 21
2-II	36; 50°	—	1 1/3	—	16	16; 0,50	-0; 0,50
15-II	40; 30°	—	1 1/6	—	14	14; 3	-0; 3
23-II	—	45°	1	—	12	12	0; 0
2-III	46; 50°	46° [3]	15/16	—	11; 15	11; 15	0; 0
18-III	52; 30°	—	3/4	—	9	9; 12	-0; 12
2-IV	58; 50°	54; 50° [4]	7/12	—	7	7; 15,40	-0; 15,40
17-IV	63; 48°	—	1/2	—	6	5; 54,12	0; 5,48
14-V	72; 48°	—	1/3	—	4	3; 42,48	0; 17,12
2-VI	75; 20°	—	11/40	15/40 [5]	3; 18	3; 8,20	0; 9,40
16-VI	76; 20°	—	1/4	—	3	2; 54,40	0; 5,20
1-VII	75; 45°	—	1/4	21/80 [6]	3	3; 2,30	-0; 2,30

2. La sombra de 42° es 19; 13 según el *zīŷ* de al-Jwārizmī-Maslama. Este valor parece, pues, concordar mejor que el del texto árabe del *Calendario* con el de la sombra correspondiente en el mismo texto.

3. Variante incorrecta.

4. Variante incorrecta.

5. Variante incorrecta.

6. Variante incorrecta.

Fecha	H_m (C.C.)	Var. ms. Vich	Cotg. H_m (C.C.)	Var. ms. Vich	Cotg. H_m (C.C.) ×12 (1)	Cotg. H_m (Jw.-M.) (2)	Dif. (1)-(2)
16-VII	73; 24°	—	11/36	17/36[7]	3; 40	3; 34,24	0; 5,36
1-VIII	69; 40°	—	3/8	—	4; 30	4; 26,40	0; 3,20
16-VIII	65; 15°	65°[8]	1/2	—	6	5; 32,15	0; 27,45
1-IX	55; 15°[9]	—	7/12	—	7	8; 19,15	-1; 19,15
15-IX	54; 30°	—	2/3	3/4[10]	8	8; 34	-0; 34
1-X	47; 40°	—	11/12	5/6[11]	11	10; 55,40	0; 4,20
8-X	—	45°	1	—	12	12	0; 0
16-X	41; 55°	—	1 1/8	—	13; 30	13; 22,20	0; 7,40
1-XI	36; 15°	—	1 1/3	—	16	16; 21,15	-0; 21,15
15-XI	32; 24°	—	1 7/12	—	19	18; 55,24	0; 4,36
2-XII	29; 40°	—	1 3/4	—	21	21; 0, 0	0; 0
16-XII	28; 40°	—	1 5/6	—	22	21; 57,20	0; 4,44

TABLA 1

Puede constatarse fácilmente que los valores de las sombras meridianas para $g = 1$ que nos ofrece el *Calendario de Córdoba* parecen derivar de una tabla computada para $g = 12$, ya que, de los veinticinco valores que el *Calendario* expresa en fracciones, diecinueve se convierten en cifras enteras al multiplicarlas por 12. Parece claro, por otra parte, que la tabla correspondiente del *zīŷ* de al-Jwārizmī-Maslama no es la fuente de nuestras sombras meridianas. Creo más bien que éstas derivan de una tabla, similar a las que son conocidas desde la época clásica (NEUGEBAUER, 1975, pp. 736-748), computada (probablemente por medios puramente aritméticos) para las fechas de las entradas del Sol en los signos zodiacales y para las de su paso por la mitad de cada signo. Podría también pensarse en dos tablas diferentes. La

7. Variante incorrecta.

8. La sombra de 65° es 5; 36 según el *zīŷ* de al-Jwārizmī-Maslama. Como antes en la n. 2, este valor concuerda mejor que el del texto árabe con el de la sombra correspondiente.

9. Esta lectura del texto árabe y de la versión de Gerardo de Cremona está confirmada por el manuscrito de Vich. No obstante, DOZY-PELLAT (1961, p. 136, n. 1) proponen leer 59; 15°, cuya sombra, según el *zīŷ* de al-Jwārizmī-Maslama, sería de 7; 8,30 y concordaría mejor con el valor de la sombra que ofrece el propio *Calendario*. Véase también *infra* n. 14.

10. Variante que constituye, probablemente, una mejor lectura que la del texto árabe: lo justifico más adelante.

11. Variante incorrecta.

primera correspondería al paso del Sol por la mitad de cada signo y podría reconstruirse de la manera siguiente:

I	II	III	IV	V	VI
XII	XI	X	IX	VIII	VII
21	16	11	7	4; 30	3

En ella he introducido las siguientes correcciones: 11 (en lugar de 11; 15) para el 2-III (11 es la sombra que corresponde al 1-X); 4; 30 para el 1 o el 2-V (falta la indicación correspondiente a la altura meridiana en estos días y 4; 30 es la sombra que corresponde al 1-VIII); finalmente 3 (en lugar de 3; 18) para el 2-VI (3 es la sombra que corresponde al 1-VII).

La tabla de las sombras meridianas correspondientes a los días en los que el Sol entra en los signos zodiacales no resulta tan fácil de reconstruir. Disponemos de los elementos siguientes:

	I	II	III	IV	V	VI
	19; 12	14	9	6	4	3
22	19	13; 30	8	6	3; 40	
XII	XI	X	IX	VIII	VII	

Resulta fácil de ver que, si pretendemos obtener una simetría para los valores de las sombras, debemos realizar un desfase en las correspondencias entre la primera y la segunda mitad del año que no son las mismas que en la tabla precedente. Este ha sido el motivo que me ha llevado a sugerir la posible existencia de dos tablas diferentes que constituirían la fuente de los valores de las sombras en el *Calendario de Córdoba*. Si recordamos que el manuscrito de Vich nos da, para el 15-IX, la variante 9 (un valor tan aceptable como 8), podemos proponer la siguiente estructura para esta segunda tabla:

	I	II	III	IV	V	VI
XII	XI	X	IX	VIII	VII	
22	19	14	9	6	4	3

Puede observarse asimismo que algunos vestigios de esta tabla pueden haber llegado hasta el siglo XIV, donde, en el *Calendario* de Ibn al-Bannā' de Marrākis, encontramos la serie siguiente de longitudes de la sombra meridiana (RENAUD, 1948, p. 22):

X	XI	XII
7	9; 30	11

Dado que estos valores corresponden a un gnomon de 6 unidades, es evidente que esta serie es equivalente a la del *Calendario de Córdoba* (14, 19, 22).

c) *Duración del día y de la noche*: los valores que nos proporciona el *Calendario de Córdoba* para la duración del día son, en general, muy correctos y parecen haber sido calculados utilizando procedimientos trigonométricos. Esta es, por lo menos, la conclusión a la que he llegado tras haber comparado las cifras del *Calendario* con los valores que he recalculado utilizando la fórmula, implícita en el *zīŷ* de al-Battānī (NALLINO, 1903, I, 22 y 180).

$$\text{Duración del día} = \frac{[90^o + \text{sen}^{-1}(\text{tg}\,\delta\ \text{tg}\,\varphi)]\ 2}{15}$$

Para aplicar esta fórmula (cf. *tabla 2*) he tomado $\varphi = 37;30^o$ y he utilizado los valores de la declinación que se deducen de las alturas meridianas del Sol. Esto puede justificar ciertas discordancias entre los valores del *Calendario* y los que he calculado, dado que, con frecuencia, nuestro texto no nos ofrece los valores de la altura meridiana y del arco diurno correspondientes al mismo día. De todos modos los resultados que se obtienen parecen bastante satisfactorios y confirman los parámetros deducidos, para la oblicuidad de la eclíptica y la latitud, de la tabla de alturas meridianas.

Fecha	Declinación	(1) Duración del día según C.C.	(2) Duración del día recalculada	Diferencia (1) — (2)
1-I	22; 50º (2-I)	9; 30 h.	9; 29,12 h.	0; 0,48 h.
15-I	20; 30º (16-I)	9; 48 h.	9; 46,37 h.	0; 1,23 h.
1-II	15; 40º (2-II)	10; 20 h.	10; 20,35 h.	-0; 0,35 h.
14-II	12º (15-II)	10; 45 h.	10; 44,54 h.	0; 0, 6 h.
1-III	5; 40º (2-III)	11; 24 h.	11; 25, 4 h.	-0; 1, 4 h.
16-III	0; 0º (18-III)	12 h.	12 h.	0; 0, 0 h.
1-IV	6; 20º (2-IV)	12; 40 h.	12; 39, 5 h.	0; 0,55 h.
16-IV	11; 18º (17-IV)	13; 10 h.	13; 10,33 h.	-0; 0,33 h.
1-V	—[12]	13; 48 h.	—	—
14-V	20; 18º (14-V)	14; 10 h.	14; 11,55 h.	-0; 1,55 h.
1-VI	22; 50º (2-VI)	14; 30 h.	14; 30,48 h.	-0; 0,48 h.
16-VI	23; 50º (16-VI)	14; 40 h.	14; 38,31 h.	0; 1,31 h.

12. El *Calendario de Córdoba* no registra la altura meridiana del Sol en este día.

Fecha	Declinación	(1) según C.C. del día Duración	Duración del día recalculada	Diferencia (1) — (2)
1-VII	23; 15° (1-VII)	14; 33 h.[13]	14; 33,59 h.	-0; 0,59 h.
16-VII	20; 54° (16-VII)	14; 15 h.	14; 16,18 h.	-0; 1,18 h.
1-VIII	17; 10° (1-VIII)	13; 50 h.	13; 49,42 h.	0; 0,18 h.
16-VIII	12; 45° (16-VIII)	13; 20 h.	13; 19,59 h.	0; 0, 1 h.
1-IX	6; 45° (1-IX)[14]	12; 40 h.	12; 41,41 h.	-0; 1,41 h.
15-IX	2° (15-IX)	12; 12 h.	12; 12,17 h.	-0; 0,17 h.
1-X	4; 50° (1-X)	11; 30 h.	11; 30,14 h.	-0; 0,14 h.
16-X	10; 35° (16-X)	10; 55 h.	10; 54, 3 h.	0; 0,57 h.
1-XI	16; 15° (1-XI)	10; 15 h.	10; 16,37 h.	-0; 1,37 h.
15-XI	20; 6° (15-XI)	9; 50 h.	9; 49,32 h.	0; 0,28 h.
1-XII	22; 50° (2-XII)	9; 30 h.	9; 29,12 h.	0; 0,48 h.
15-XII	23; 50° (16-XII)	9; 20 h.	9; 21,29 h.	-0; 1,29 h.

TABLA 2

d) *Crepúsculos matutino y vespertino:* el *Calendario* da veintiocho veces el valor de la duración del crepúsculo para un día determinado. Este valor es exactamente el mismo para el crepúsculo matutino y para el vespertino, lo que implica que el parámetro utilizado para la altura negativa del Sol es idéntico en ambos casos. Determinar esta duración es un caso particular del problema, más general, consistente en establecer la hora en función de la altura del Sol: esta cuestión atrajo considerablemente la atención de los astrónomos indios y musulmanes y ha sido objeto de un número de trabajos recientes (DAVIDIAN, 1960; NADIR, 1960; DAVIDIAN-KENNEDY, 1961; GOLDSTEIN, 1963; KING, 1973). Evidentemente los autores del *Calendario,* que citan el *zīŷ* de al-Battānī, habrían podido utilizar la fórmula, enunciada por este astrónomo, que nos da el ángulo *(t)* en función del arco semidiurno *(D),* de la altura del Sol *(h)* correspondiente a un momento dado y de la altura meridiana del Sol *(h_m):*

$$t = \frac{D \pm \text{vers}^{-1}\left[\text{vers } D \left(1 - \frac{\text{sen } h}{\text{sen } h_m}\right)\right]}{15}$$

13. El manuscrito latino presenta, aquí, la variante errónea 18; 35 h. a la que contradice una duración de la noche de 9; 27 h.

14. El valor de la declinación (6; 45°) corresponde a la altura meridiana de 59; 15° propuesta por DOZY-PELLAT (cf. *supra* n. 9). Si tomáramos la altura meridiana del texto (55; 15°), la declinación correspondiente sería 2; 45° y la duración del día 12; 16,54 h.

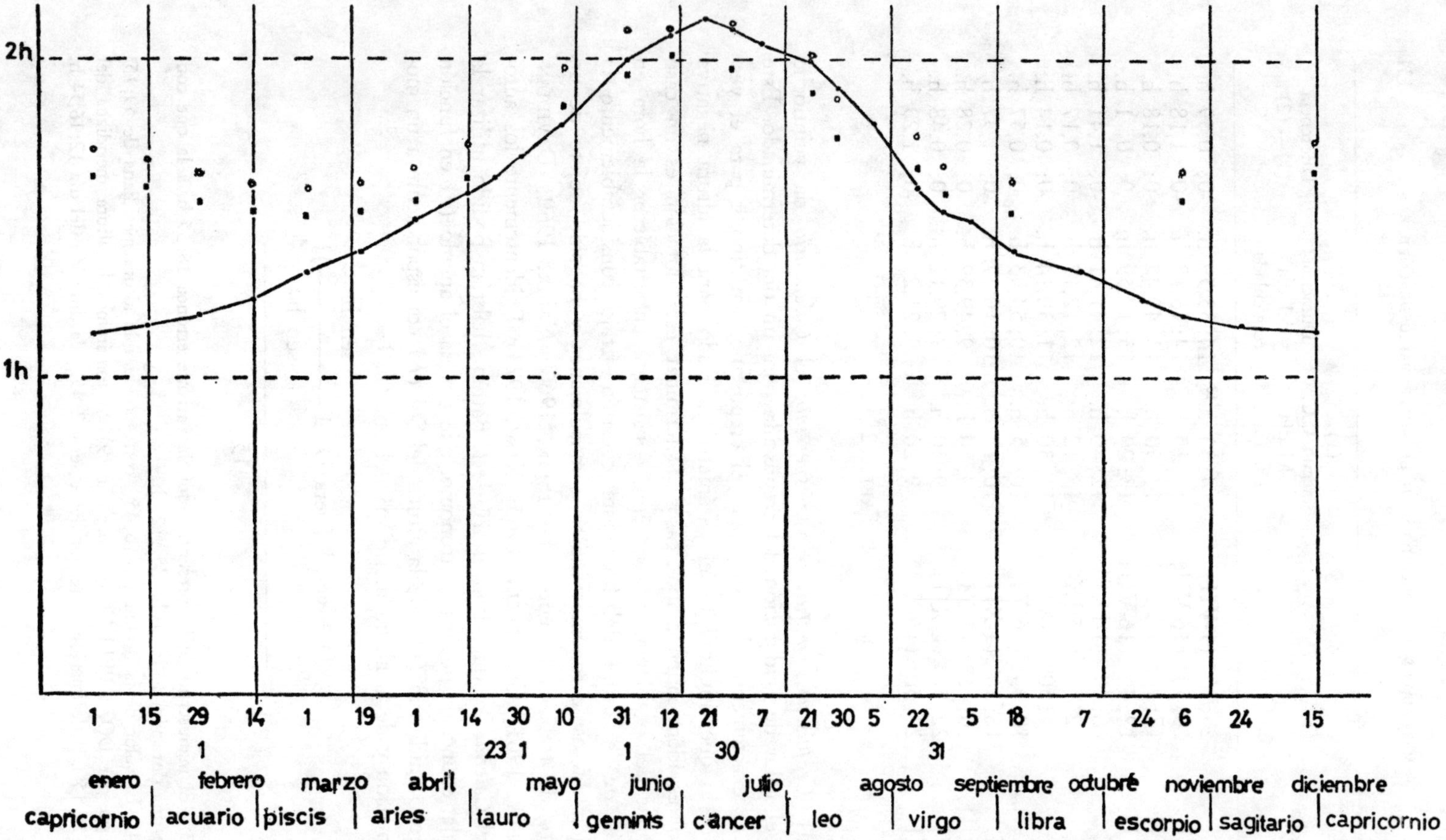

Fig. 1. Datos del Calendario de Córdoba. •———• Valores recalculados con la fórmula de al-Battānī para: x x x h = -18°
o o o h = -19°

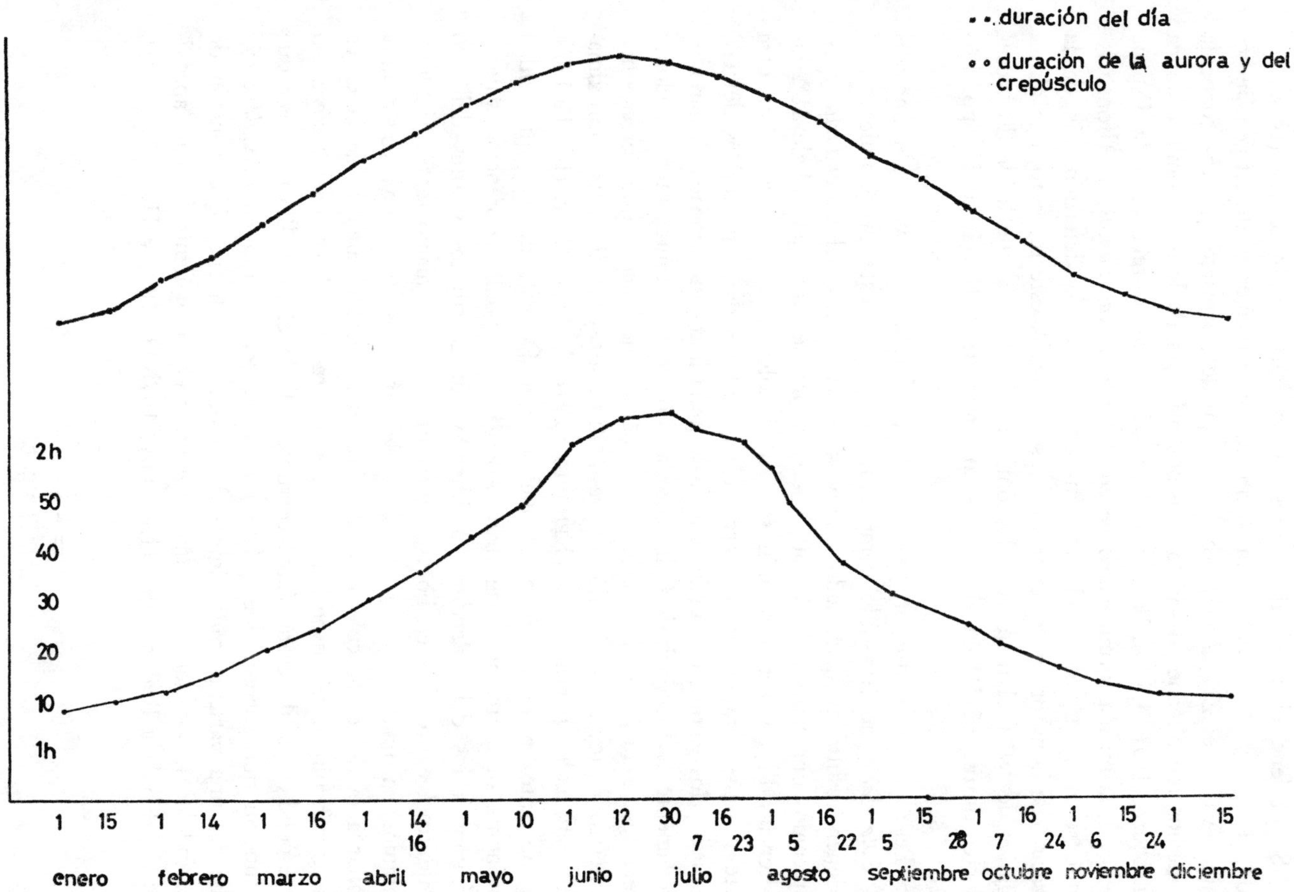

..duración del día
..duración de la aurora y del crepúsculo
2h
50
40
30
20
10
1h
1 15 1 14 1 16 1 14 16 1 10 1 12 30 16 7 23 1 5 16 22 1 5 15 28 1 7 16 24 1 6 15 24 1 15
enero febrero marzo abril mayo junio julio agosto septiembre octubre noviembre diciembre

Fig. 2

Se obtiene el resultado expresado en horas equinocciales (NALLINO, 1903, I, 30 y 189-191). Esta fórmula, probablemente de origen indio, aparece ya en el *Zīŷ al-Šāh,* por lo que puede afirmarse que era conocida en medios musulmanes desde los mismos orígenes de la astronomía islámica (KENNEDY, 1976 I, 196-198, y II, 123-124). En lo relativo a la España Medieval, la misma fórmula aparece en el *Libro de las Taulas* de Alfonso X, donde se aplica asimismo al problema concreto de la determinación de la duración de la aurora y del crepúsculo: se utiliza, a este respecto, una altura negativa de 19° y el texto editado contiene un error ya que habla dos veces del arco diurno *(2 D)* en lugar del arco semidiurno *(D)* (RICO IV, pp. 174 y 181-182).

Pese a todo lo anterior, parece bastante claro que los valores numéricos del *Calendario* no han sido computados utilizando este procedimiento: se obtienen resultados demasiado distintos de las cifras del *Calendario* y, si empleamos una latitud de 37; 30° y una altura negativa del Sol de 18°, las diferencias llegan a treinta minutos en el solsticio de invierno. Por otra parte si representamos en una gráfica *(fig. 1)* los datos numéricos del *Calendario* y los valores calculados con la fórmula antes mencionada, llegaremos rápidamente a la conclusión de que las dos curvas representan funciones diferentes. Para intentar determinar el método de cálculo que corresponde a nuestro texto, he analizado, sin resultados, los procedimientos aproximativos estudiados por al-Bīrūnī (KENNEDY, 1976 I, 187-203, y II, 116-127). No obstante, mi compañero Manuel García Doncel, de la Universidad Autónoma de Barcelona, me hizo observar que podían obtenerse valores próximos a los del *Calendario* dividiendo por cuatro los valores del arco semidiurno, expresados en horas, que aparecen en el mismo texto. Si representamos en una gráfica la duración del día obtenemos una curva muy similar a la del crepúsculo *(fig. 2)*. Por otra parte el análisis de la curva del crepúsculo hace sospechar que los valores numéricos del *Calendario* correspondientes al verano están corruptos. Todo ello me lleva a creer que la función que corresponde a la duración del crepúsculo en el *Calendario* debe ser una variante muy simple de la del arco diurno. Una función de esta índole es, por ejemplo, la que se expresa en la siguiente fórmula aproximativa, debida a Brahmagupta (KENNEDY, 1976, I, 189, y II, 117):

$$t = \frac{D}{\text{cotg } h + 1}$$

Kennedy puso en claro que la longitud del gnomon empleado para determinar *cotg h* debe ser la unidad. Si recordamos ahora la observación de García Doncel, veremos que se ajusta bastante a la fórmula de Brahmagupta, ya que:

$$\cot 17^\circ + 1 = 4.2708$$
$$\cot 18^\circ + 1 = 4.0763$$
$$\cot 19^\circ + 1 = 3.9042$$

He recalculado, por consiguiente, la duración de la aurora y del crepúsculo en aquellas fechas para las que el *Calendario de Córdoba* ofrece datos sobre la duración del día, utilizando la fórmula de Brahmagupta. El parámetro de la altura negativa del Sol con el que se obtienen mejores resultados es 17° o, mejor aún, 17; 30°, por más que no conozco ninguna otra fuente que utilice este último valor para determinar el comienzo de la aurora o el fin del crepúsculo. Los resultados obtenidos —claramente aberrantes en los meses comprendidos entre mayo y agosto— aparecen en la *Tabla 3:*

Fecha	Duración del crepúsculo (C.C.) (1)	Duración del crepúsculo (recalculada para h = -17°) (2)	Diferencia (1)—(2)
1-I	1; 8,34 h.	1; 6,38 h.	0; 1,56 h.
15-I	1; 10 h.	1; 8,41 h.	0; 1,19 h.
1-II/29-I	1; 12 h.	1; 12,39 h.	-0; 0,39 h.
14-II	1; 15 h.	1; 15,30 h.	-0; 0,30 h.
1-III	1; 20 h.	1; 20,12 h.	-0; 0,12 h.
19-III/16-III	1; 24 h.	1; 24,18 h.	-0; 0,18 h.
1-IV	1; 30 h.	1; 28,52 h.	0; 1, 8 h.
14-IV/16-IV	1; 35 h.	1; 32,33 h.	0; 2,27 h.
1-V	1; 42 h.	1; 36,57 h.	0; 5, 3 h.
1-VI	2; 0 h.	1; 41,57 h.	0; 18, 3 h.
1-VII	2; 6 h.	1; 42,19 h.	0; 23,41 h.
1-VIII	1; 55 h.	1; 37, 8 h.	0; 17,52 h.
1-IX	1; 32 h.	1; 29,10 h.	0; 2,50 h.
28-IX/1-X	1; 24 h.	1; 20,48 h.	0; 3,12 h.
15-XII	1; 9 h.	1; 5,44 h.	0; 3,16 h.

TABLA 3

El breve análisis realizado sobre estos tres grupos de valores numéricos presenta un doble interés, incluso dejando de lado la perspectiva meramente textual a la que he aludido al principio de este trabajo. Por una parte recordemos que el *Calendario de Córdoba* remonta a la segunda mitad del siglo X, es decir, el momento en el que la astronomía andalusí va a alcanzar su etapa de madurez a través de la obra de Maslama de Madrid. Se trata de una etapa de la que se conservan escasísimos materiales astronómicos lo que realza el valor de los del *Calendario*. En segundo lugar, el género de datos que nos conserva esta obra no son muy corrientes en la astronomía andalusí, ya que corresponden al tipo de astronomía religiosa llamado *mīqāt*. No sabemos casi nada sobre la historia del *mīqāt* andalusí salvo que había *muwaqqit-s* en la Granada del siglo XIV (RÉNAUD, 1937), que conservamos una tabla para trazar cuadrantes solares calculada para la latitud de Córdoba (38°) (KING, 1977, p. 201) y que, recientemente, se ha publicado una tabla que determina la hora en función de la altura del Sol, que corresponde también a una latitud de 38°. Esta tabla se encuentra en un tratado de astronomía castellano de la primera mitad del siglo XV y podría derivar de un original árabe (CÁTEDRA-SAMSÓ, 1983, pp. 67-69 y 222-227).

Los materiales de *mīqāt* contenidos en el *Calendario* son interesantes y plantean problemas. Los valores de las alturas meridianas del Sol parecen derivar de una tabla de declinaciones solares, pero no he podido establecer con claridad cuál es su fuente. RÉNAUD (1948, pp. 9-10), al analizar estos valores de las alturas meridianas en nuestro *Calendario* parece implicar que se obtuvieron directamente de la observación. Problemas similares plantea la tabla de alturas meridianas del Sol correspondientes a la entrada del astro en los signos zodiacales que ha sido publicada por KING (1978, p. 388) y que SABRA (1977, pp. 277 y 280-281) atribuye a Ibn al-Ṣaffār, discípulo de Maslama: la mencionada tabla está computada para la latitud de Córdoba (38;30°) y para una oblicuidad de 23;30°.

Las sombras correspondientes a las alturas meridianas del Sol están calculadas para $g = 1$, pero, derivan, probablemente, de una fuente anterior, computada para $g = 12$. Por otra parte existen indicios de yuxtaposición de dos tablas de sombras del Sol que corresponderían a los pasos del astro por el principio y la mitad de cada signo zodiacal. Estas dos tablas primitivas habrían sido calculadas, tal vez, por procedimientos aritméticos y, a continuación, corregidas para aproximarlas a los valores correspondientes a las cotangentes de las alturas meridianas.

Si consideramos ahora la duración del día y de la noche, los valores registrados en el *Calendario* han sido calculados con un método trigonométrico correcto y los errores que aparecen son de menor cuantía. En cambio no sucede lo mismo con los valores correspondientes a la duración de la aurora y del crepúsculo, muy mal conservados por la tradición textual, que parecen haber sido calculados mediante una fórmula india rudimentaria documentada aquí, por vez primera, en la España Musulmana. La supervivencia de este tipo de métodos indios parece ser uno de los rasgos distintivos de la astronomía española medieval y nada me extrañaría que la tabla para determinar la hora en función de la altura del sol, conservada en un texto castellano del siglo XV al que me he referido antes, estuviera computada por un procedimiento aproximativo de esta índole: pese a que esta tabla, que sólo expresa sus valores en grados, no permite de momento llegar a conclusiones seguras, parece claro que no está calculada por un método exacto.

Resulta evidente, pues, que los materiales astronómicos del *Calendario* corresponden a un conjunto de métodos de nivel muy diferente y nos plantean el problema de la fuente utilizada por los autores del texto. Dado que ni ᶜArīb b. Saᶜd ni Rabīᶜ b. Zayd eran astrónomos, podemos preguntarnos si, además de las restantes fuentes astronómicas utilizadas por ellos (*zīŷ*-es de al-Jwārizmī y de al-Battānī y *Dieta* de Hipócrates), no deberíamos suponer también la existencia de unas tablas de *mīqāt* calculadas para una latitud de 37; 30° que podría corresponder a Córdoba o a otra ciudad con esta misma latitud.

BIBLIOGRAFÍA CITADA

CÁTEDRA-SAMSÓ, 1983: Pedro M. Cátedra y Julio Samsó, *Tratado de Astrología atribuido a Enrique de Villena.* Barcelona, 1983.

DAVIDIAN, 1960: M. L. Davidian, *Al-Bīrūnī on the Time of Day from Shadow Lengths.* J.A.O.S. 80 (1960), 330-335.

DAVIDIAN-KENNEDY, 1961: M. L. Davidian y E. S. Kennedy, *Al-Qāyinī on the duration of dawn and twilight.* J.N.E.S. 20 (1961), 145-153.

DOZY-PELLAT, 1961: R. Dozy y Ch. Pellat, *Le Calendrier de Cordoue.* Leiden, 1961.

GOLDSTEIN, 1963: B. R. Goldstein, *A Medieval Table for Reckoning Time from Solar Altitude.* «Scripta Mathematica» 27 (1963), 61-66.

KENNEDY, 1976: E. S. Kennedy, *The Exhaustive Treatise on Shadows by Abū al-Rayḥān al-Bīrūnī. Translation and Commentary.* 2 vols. Aleppo, 1976.

KING, 1973: D. A. King, *Ibn Yūnus' Very Useful Tables for Reckoning Time by the Sun.* A.H.E.S. 10 (1973), 342-394.

KING, 1977: D. A. King, *A Fourteenth Century Tunisian Sundial for Regulating the Times of Muslim Prayer.* «Prismata. Festschrift für Willy Hartner» (Wiesbaden, 1977), 187-202.

KING, 1978: D. A. King, *Three Sundials from Islamic Andalusia.* «Journal for the History of Arabic Science» 2 (1978), 358-392.

LEVI DELLA VIDA, 1981: G. Levi della Vida, *Arabic Papyri in the University Museum in Philadelphia (Pennsylvania).* Roma, 1981. En «Atti della Accademia Nazionale dei Lincei, anno 378 (1971). Memorie. Classe di scienze morali, storiche e filologiche, serie III, vol. XXV, fasc. 1».

MARTÍNEZ GÁZQUEZ-SAMSÓ, 1981: José Martínez Gázquez y Julio Samsó, *Una nueva traducción latina del Calendario de Córdoba (siglo XIII)*. «Textos y Estudios sobre Astronomía Española en el siglo XIII» editados por Juan Vernet. Barcelona, 1981, págs. 9-78.

MARTÍNEZ GÁZQUEZ-SAMSÓ, 1982: José Martínez Gázquez y Julio Samsó, *Astronomía en un tratado de cómputo del siglo XIII*. «Faventia» 4 (1982), 45-65.

NADIR, 1960: Nadi Nadir, *Abū-l-Wafā on the Solar Altitude*. «The Mathematics Teacher» 52 (1960), 460-463.

NALLINO, 1903: C. A. Nallino, *Al-Battānī sive Albatenii. Opus Astronomicum*. Vol. I, Milán, 1903.

NEUGEBAUER, 1962: O. Neugebauer, *The Astronomical Tables of al-Khwārizmi. Translation with Commentaries of the Latin Version edited by H. Suter supplemented by Corpus Christi College MS 283*. Kobenhavn, 1962.

NEUGEBAUER, 1975: O. Neugebauer, *A History of Ancient Mathematical Astronomy*. 3 vols. Berlin-Heidelberg-New York, 1975.

RÉNAUD, 1937: H. P. J. Rénaud, *Notes critiques d'histoire des sciences chez les musulmans. I. Les Ibn Bâṣo*. «Hespéris» 24 (1937), 1-8.

RÉNAUD, 1948: H. P. J. Rénaud, *Le Calendrier d'Ibn al-Bannâ' de Marrakech*. Paris, 1948.

RICO, IV: Manuel Rico y Sinobas, *Libros del Saber de Astronomía del Rey D. Alfonso X de Castilla*. Vol. IV, Madrid, 1866.

SABRA, 1977: A. I. Sabra, *A Note on Codex Biblioteca Medicea-Laurenziana Or. 152*. J.H.A.S. 1 (1977), 276-283.

SAMSÓ, 1978: J. Samsó, *La tradición clásica en los calendarios agrícolas hispanoárabes y norteafricanos*. «Segundo Congreso Internacional de Estudios sobre las Culturas del Mediterráneo Occidental» (Barcelona, 1978), pp. 177-186.

SAMSÓ, 1980: J. Samsó, *Notas sobre la trigonometría esférica de Ibn Muᶜāḏ*. «Awrāq» 3 (1980), 60-68.

SAMSÓ, 1980 B: J. Samsó, *Tres notas sobre astronomía hispánica en el siglo XIII*. En «Estudios sobre Historia de la Ciencia Árabe», editados por Juan Vernet. Barcelona, 1980, págs. 167-179.

SAMSÓ, 1982: J. Samsó, *Un calendario popular y la astronomía española en el siglo X*. «Investigación y Ciencia», n.º 64 (enero, 1982), 38-40.

SAMSÓ-MARTÍNEZ-GÁZQUEZ, 1981: J. Samsó y J. Martínez Gázquez, *Algunas observaciones al texto del Calendario de Córdoba*. «Al-Qanṭara» 2 (1981), 319-344.

SUTER, 1914: H. Suter, *Die Astronomischen Tafeln des Muḥammed ibn Mūsā al-Khwārizmī in der Bearbeitung des Maslama ibn Aḥmed al-Madjrīṭī und der Latein. Uebersetzung des Athelhard von Bath*. Kobenhavn, 1914.

TOOMER, 1968: G. J. Toomer, *A Survey of the Toledan Tables*. «Osiris» 15 (1968), 5-174.

VERNET, 1965: J. Vernet, *La ciencia en el Islam y Occidente*. «Settimane di Studio del Centro italiano di studi sull'alto medioevo» (Spoleto) 12 (1965), 537-572. Reeditado en J. Vernet, *Estudios sobre Historia de la Ciencia Medieval* (Barcelona-Bellaterra, 1979), 21-56.

UNA TABLA CUADRÁTICA DE LOS SIGNOS ZODIACALES EN UN TRATADO DE ASTRONOMÍA ÁRABE

FRANCISCO CASTELLÓ

El ms. 2 186 de París consta de dos obras bien diferenciadas.[1] La primera de ellas —fols. 1-32— es un tratado de Geografía general atribuido a Isḥāq ibn al-Zayyāt,[2] y la segunda —fols. 33-75— contiene un tratado de *mīqāt* acéfalo, en el que posiblemente faltan varios capítulos. De Slane sitúa la copia en el siglo XIV,[1] aunque considera el manuscrito en su totalidad sin diferenciar las dos obras ni las distintas escrituras de sus copistas.

En esta segunda obra —fol. 53 v.— aparece una tabla cuadrática de las que utilizaban los astrólogos para conocer de manera rápida, aunque imprecisa, la posición de la Luna en el Zodíaco en un mes y en un día determinados, dentro de un conjunto de métodos aproximados destinados a levantar horóscopos sin tener que recurrir al complicado manejo de las tablas astronómicas. Esta tabla es, por el momento, la única que conozco de esta índole en un manuscrito árabe.

No le acompaña ningún texto complementario, ni hay ningún capítulo que haga alusión a ella en el que se explique su construcción y manejo, por lo que cabe suponer que éstos se debían encontrar entre los que se perdieron.

Sus características son las mismas que las de la tabla cuadrática del

1. SLANE, Barón de: *Catalogue des Manuscripts Arabes de la Bibliothèque Nationale,* París, 1883.

2. CASTELLÓ, Francisco: *Estudios sobre un Tratado de Geografía Árabe* (resumen de Tesis Doctoral), Barcelona, 1981.

ms. 106 de Ripoll,[3] del siglo X, y la que aparece en el *Tratado de Astrología* atribuido a Enrique de Villena,[4] es decir, dos columnas, una horizontal y otra vertical, con los nombres de los doce meses del año y los treinta días del mes lunar, respectivamente. En cada casilla correspondiente a la intersección de meses y días se van colocando los signos zodiacales en orden sucesivo, de modo que al terminar la tabla éstos se repiten siguiendo diagonales. Para averiguar en qué signo está la Luna en cierto día de un determinado mes, habrá que contar los días transcurridos desde la última Luna nueva y buscar su número en la columna de los días. A continuación se mira el mes del año en la otra columna, y la casilla donde tenga lugar la intersección de las dos nos dará el signo que buscamos.

Hay sólo dos diferencias con respecto a las otras dos tablas mencionadas. Una de ellas, referente al orden de los meses, no afecta para nada al funcionamiento ni a los resultados. La otra, respecto a la distribución de los días por cada signo, afecta a los resultados. En efecto, en la tabla árabe se utilizan meses siríacos que comienzan el año en el mes de «aylūl» (septiembre) y, por lo tanto, el signo que le corresponderá será el de «Libra». Por el contrario, el ms. 106 de Ripoll y el tratado de Enrique de Villena, al utilizar los meses latinos colocan en primer lugar a enero, al que corresponderá el signo de «Acuario».

La distribución de los días por cada signo resulta un tanto arbitraria en la tabla árabe: 1,2; 3,4; 5,6,7; 8,9; 10,11; 12,13,14; 15,16,17; 18,19; 20,21,22; 23,24; 25,26,27; 28,29,30.

Teniendo en cuenta que hay que distribuir 30 días en 12 casillas, que es el número de signos zodiacales, siguiendo el principio erróneo de atribuir a la Luna un recorrido de un signo zodiacal en 2,5 días, o lo que es igual 12 grados por día,[5] resulta más lógico distribuir dos días por cada signo más uno entre dos signos (tratado de Enrique de Villena), o bien alternar signos de tres días con signos de dos (ms. 106 de Ripoll),[6] aunque en definitiva ésta sea una cuestión sin importancia.

3. SAMSÓ, Julio: *Alfonso X y los Orígenes de la Astrología Hispánica,* «Estudios sobre Historia de la Ciencia Árabe» editados por Juan Vernet, Barcelona, 1980, p. 107.

4. CÁTEDRA, Pedro, y SAMSÓ, Julio: *Tratado de Astrología atribuido a Enrique de Villena,* Madrid, 1980, p. 146.

5. SAMSÓ, Julio: *Alfonso X...,* p. 108.

6. MILLÀS VALLICROSA, José: *Assaig d'Història de les Idees Físiques i Matemàtiques a la Catalunya Medieval,* Vol. I, Barcelona, 1931, pp. 214 y 215.

TRANSCRIPCIÓN DE LA «TABLA CUADRÁTICA» ÁRABE

	Meses siriacos	Meses coptos	1, 2,	3, 4,	5, 6, 7,	8, 9,	10, 11,	12, 13, 14,	15, 16, 17,	18, 19,	20, 21, 22,	23, 24,	25, 26, 27,	28, 29, 30
(Septiembre)	Aylūl	Tūṯ	Libra	Escorpión	Sagitario	Capricornio	Acuario	Piscis	Aries	Tauro	Géminis	Cáncer	Leo	Virgo
(Octubre)	Tišrīn I	Bābah	Escorpión	Sagitario	Capricornio	Acuario	Piscis	Aries	Tauro	Géminis	Cáncer	Leo	Virgo	Libra
(Noviembre)	Tišrīn II	Hatūr	Sagitario	Capricornio	Acuario	Piscis	Aries	Tauro	Géminis	Cáncer	Leo	Virgo	Libra	Escorpión
(Diciembre)	Kānūn I	Kīyak	Capricornio	Acuario	Piscis	Aries	Tauro	Géminis	Cáncer	Leo	Virgo	Libra	Escorpión	Sagitario
(Enero)	Kānūn II	Ṯūbah	Acuario	Piscis	Aries	Tauro	Géminis	Cáncer	Leo	Virgo	Libra	Escorpión	Sagitario	Capricornio
(Febrero)	Šubāṭ	Amšīr	Piscis	Aries	Tauro	Géminis	Cáncer	Leo	Virgo	Libra	Escorpión	Sagitario	Capricornio	Acuario
(Marzo)	Āḏār	Barmahāt	Aries	Tauro	Géminis	Cáncer	Leo	Virgo	Libra	Escorpión	Sagitario	Capricornio	Acuario	Piscis
(Abril)	Nīsān	Barmūḏah	Tauro	Géminis	Cáncer	Leo	Virgo	Libra	Escorpión	Sagitario	Capricornio	Acuario	Piscis	Aries
(Mayo)	Ayyār	Bašans	Géminis	Cáncer	Leo	Virgo	Libra	Escorpión	Sagitario	Capricornio	Acuario	Piscis	Aries	Tauro
(Junio)	Ḥazīrān	Baūnah	Cáncer	Leo	Virgo	Libra	Escorpión	Sagitario	Capricornio	Acuario	Piscis	Aries	Tauro	Géminis
(Julio)	Tammūz	Abīb	Leo	Virgo	Libra	Escorpión	Sagitario	Capricornio	Acuario	Piscis	Aries	Tauro	Géminis	Cáncer
(Agosto)	Āb	Misrà	Virgo	Libra	Escorpión	Sagitario	Capricornio	Acuario	Piscis	Aries	Tauro	Géminis	Cáncer	Leo

DOS REGLAS PARA DETERMINAR, POR APROXIMACIÓN, LA LONGITUD DE LA LUNA

Julio Samsó

El estudio del *Libro de las Cruzes* alfonsí que remonta, posiblemente, a un original bajolatino, traducido al árabe en España hacia el año 800, revisado en el siglo XI y, finalmente, traducido asimismo al castellano en el siglo XIII, ha planteado un problema elemental: ¿Cómo pudieron los astrólogos de principios del siglo IX levantar sus horóscopos si no dispusieron, en al-Andalus, de tablas astronómicas hasta, aproximadamente, mediados del mismo siglo? En diversos trabajos (Samsó, 1979 y 1980) me he ocupado de las posibles soluciones de este problema al que dediqué una comunicación presentada a las «Segundas Jornadas de Cultura Árabe e Islámica» (Samsó, 1980 i.). En efecto, creo que tanto en el mundo árabe (Kennedy, 1964) como en la antigüedad clásica (Neugebauer, 1975, pp. 785 ss., 793-801, 823-826) y en la Edad Media Latina se difundieron reglas aproximadas para determinar la longitud del Sol, la Luna y los planetas. Estas reglas se basan siempre en los movimientos medios de los cuerpos celestes y un ejemplo de esta índole lo tenemos en el manuscrito 167 del Museo Episcopal de Vich (Martínez Gázquez-Samsó, 1982) en el que aparece un *argumentum* para determinar *in quo signo sit luna:* conocido el número *(n)* de días transcurridos desde la última conjunción Luna-Sol (luna nueva) y el signo en el que se encontraba el Sol al principio del mes lunar, la Luna habrá recorrido durante estos *n* días:

$$\frac{4\,n}{10} \text{ signos zodiacales}$$

El fundamento de esta regla es simple ya que el propio ms. 167 establece que el período sidéreo de la Luna es de 27 d. 7 h. 45 m., por lo que su movimiento medio en un día será de 13; 10,33°. En *n* días habrá avanzado, en signos zodiacales:

$$\frac{13;10{,}33^\circ \ \mathrm{n}}{30^\circ} = 0.44 \ \mathrm{n\ signos}$$

La regla del texto nos da, por consiguiente, una aproximación válida: *0.4 n* en lugar de *0.44 n*.

Habiendo resumido, hasta aquí, el estado de la cuestión, me propongo, a continuación, demostrar que reglas muy similares para determinar la longitud de la Luna eran bien conocidas en el mundo árabe y utilizadas por astrólogos poco escrupulosos o con escasos conocimientos astronómicos que deseaban levantar horóscopos sin necesidad de recurrir a las engorrosas tablas astronómicas o a los procedimientos más simples (almanaques, ecuatorios) creados en la Edad Media con esta finalidad. En efecto, gracias a la amabilidad del Prof. Paul Kunitzsch, de la Universidad de München, y del Dr. Richard Lorch, del Institute for the History of Arabic Science de Aleppo, he podido disponer de una fotocopia del manuscrito Istambul Aya Sofya 2671, que contiene la versión árabe del *Planisferio* de Ptolomeo. Ahora bien, tras el *explicit* de esta obra se inicia un breve escrito en el que se exponen las actividades que deben realizarse según la posición que ocupe la Luna en los distintos signos zodiacales (fol. 97 r) y, en el margen de este mismo folio, se enuncian dos reglas —que comentaré brevemente— cuyo propósito es precisamente establecer la posición de la Luna. Transcribo y traduzco, a continuación, la primera de ellas:

اذا اردت ان تعرف القمر في اي
برج هو فانظر الى الشمس في
اي برج تكون واحسب الشهر
العربي كم فيه يوم وزد
عليه مثل ما مضى منه وزد
عليه خمسة ايام احراس
واعطي [كذا] لبرج الشمس خمسة

ولكلّ برج ياتي بعده خمسة
بعد خمسة حتّى ينتهي
العدد فاين انتهى معك
العدد من البروج يكون
القمر في ذلك البرج والله
اعلم بغيبه •

«Si deseas conocer el signo en el que se encuentra la Luna, mira el signo del Sol y calcula el número de días [que han transcurrido] del mes árabe. Añade a este número otro número igual y suma al resultado cinco días. Da cinco al signo del Sol y cinco más a cada signo que siga [al del Sol]. [Procede así], de cinco en cinco, hasta terminar con el número. El signo con el que acabes será el de la Luna. [Sólo] Dios conoce las cosas ocultas.»

Resulta fácil reducir esta regla a una formulación más clara. Si han transcurrido *n* días desde el comienzo del mes lunar árabe, el signo zodiacal de la Luna, contado a partir del signo en el que se realizó la conjunción Luna-Sol al principio del mes, podrá determinarse con la fórmula siguiente:

$$\frac{2\ \mathrm{n} + 5}{5} = 2/5\ \mathrm{n} + 1 = 0.4\ \mathrm{n} + 1$$

Si en la fórmula anterior, obtenida a partir del manuscrito 167 de Vich, teníamos *0.4 n* signos, aquí nos encontramos con *0.4 n + 1* signos: ello se debe, sencillamente, a que la regla de Vich cuenta los signos a partir del signo siguiente al del Sol, mientras que en el pasaje del manuscrito de Istambul que acabo de traducir se indica expresamente que el cómputo empieza con el signo del Sol, lo que explica la adición de un signo a *0.4 n.*

La segunda regla queda formulada de la manera siguiente:

اذا اردت ان تعرف القمر في
ايّ برج ودرجة خذ ما مضا

[كذا] من الهلال وزده ب واضرب
الجموع في اثنى عشر واعطي
[كذا] لكلّ برج ل وابدا بالذي
فيه الشمس فأين نفذ فيه
العدد فيه القمر. مثاله
الشمس في السرطان وفي
الشهر عشرة ايام وزدها ٢
بقي يب اضربها في ١٢ يبقى
العدد ماية واربعة واربعين
اعطينا كلّ برج ل فننفذ في
العقرب يد.

«Si quieres saber en qué signo y grado se encuentra la Luna, toma [el número de días] transcurridos desde la luna nueva, suma dos [a este número] y multiplica el resultado por doce. Da treinta a cada signo empezando por el signo en el que se encuentra el Sol. El número resultante nos dará el lugar de la Luna. Por ejemplo: supongamos que el Sol está en Cáncer [en el momento de la última conjunción] y que han transcurrido diez días del mes. Suma dos con lo que el resultado es doce. Multiplica por doce y el producto será ciento cuarenta y cuatro. Si damos treinta a cada signo, obtendremos finalmente Scorpio 14°.»

Esta regla parece una variante de la anterior: si han transcurrido *n* días desde la última luna nueva, la posición de nuestro satélite se determinará de acuerdo con la fórmula

$$\frac{(n + 2)\ 12}{30} = \frac{(n + 2)\ 2}{5} = 2/5\ n + 4/5 = 0.4\ n + 4/5$$

A la formulación de la regla sigue un ejemplo con un claro error en el resultado final. Si dividimos 144 por 30 el cociente será 4 signos y sobrarán 24°. Por consiguiente, si el Sol se encontraba en Cáncer al principio de la lunación, en el día 10 del mes lunar estará, siempre de acuerdo con la regla enunciada, en Libra 24° y no en Scorpio 14°, ya que el texto establece explícitamente que debemos empezar a contar por el signo en el que se encuentra el Sol.

Ahora bien, olvidémonos del ejemplo y consideremos, de nuevo, la fórmula que resulta de la regla enunciada en el manuscrito de Istambul: $0.4\ n + 4/5$ constituye una formulación casi igual a $0.4\ n + 1$ que se obtenía de la regla anterior del mismo manuscrito y cuya lógica interna hemos podido discernir fácilmente. Aquí, no obstante, no resulta fácil entender el porqué de la sustitución de 1 por 4/5 salvo que supongamos un error en la formulación de la regla. Intentaré, aquí, elaborar una hipótesis que explique el posible origen de esta anomalía. Creo que la regla que estoy considerando no estaba relacionada, en un principio, con la determinación aproximada de la longitud de la Luna, sino con la de su elongación, o sea la distancia Sol-Luna en un día determinado del mes lunar musulmán. En efecto, si consideramos que el movimiento medio de la Luna en un día es de 13; 10,33° y el del Sol de 0; 59°, se comprobará fácilmente que el incremento diario de la elongación será de:

$$13;10{,}33^\circ - 0;59^\circ \sim 12^\circ$$

Por otra parte, si expresamos 12° en signos zodiacales, obtenemos:

$$\frac{12^\circ}{30^\circ} = 0.4$$

Y si expresamos estos mismos 12° en horas:

$$\frac{12^\circ}{15} = 0;48\text{ h.} = 4/5\text{ h.}$$

12°/día como incremento diario de la elongación y 0; 48 h./día son parámetros utilizados ya en la Antigüedad por Vettius Valens para resolver cuestiones de la misma índole (NEUGEBAUER, 1975, pp. 824 y 830). Igualmente 0; 48 h. aparece en dos *argumenta* del citado manuscrito 167 de Vich, titulados *Si uis scire quot horas luceat* y *Argumentum quot horis uel punctis luceat luna,* que derivan de Beda (MARTÍNEZ GÁZQUEZ-SAMSÓ, 1982, pp. 52, 55-56, 64-65). Parece, pues, claro que *0.4 n* no expresa sólo la longitud aproximada de la Luna, en relación al signo en el que se produjo la última conjunción con el Sol, sino también su elongación en un día determinado, del mes lunar. Por otra parte, los 4/5 deben ser 4/5 de hora, parámetro que expresa el retraso diario que el ocaso de la Luna adquiere con respecto al ocaso del Sol y que, al cabo de quince días (mitad aproximada del mes lunar) será de:

$$4/5 \text{ h.} \times 15 = 12 \text{ h.}$$

Resulta imposible determinar exactamente cuál sería la formulación primitiva de la regla, por lo que me limito a ofrecer aquí esta nota con el propósito de mostrar hasta qué punto estos procedimientos aproximados se difundieron en medios astrológicos tanto cristianos como musulmanes en la Edad Media.

BIBLIOGRAFIA CITADA

KENNEDY, 1964: E. S. Kennedy, *Al-Khwārizmī on the Jewish Calendar.* «Scripta Mathematica» 27 (1964), 55-59.

MARTÍNEZ GÁZQUEZ - SAMSÓ, 1982: José Martínez Gázquez y Julio Samsó, *Astronomía en un tratado de cómputo del siglo XIII.* «Faventia» 4 (1982), 45-65.

NEUGEBAUER, 1975: O. Neugebauer, *A History of Ancient Mathematical Astronomy.* Berlín-Heidelberg-New York, 1975.

SAMSÓ, 1979: Julio Samsó, *The Early Development of Astrology in al-Andalus.* «Journal for the History of Arabic Science» 3 (1979), 228-243.

SAMSÓ, 1980: Julio Samsó, *Alfonso X y los orígenes de la astrología hispánica.* «Estudios sobre Historia de la Ciencia Árabe» editados por Juan Vernet. Barcelona, 1980, pp. 83-114.

SAMSÓ, 1980 i: Julio Samsó, *En torno a los métodos de cálculo utilizados por los astrólogos andalusíes a fines del siglo VIII y principios del IX: algunas hipótesis de trabajo.* Comunicación presentada a las «II Jornadas de Cultura Arabo-Islámica» (Madrid, diciembre de 1980). En curso de publicación.

LA PRIMITIVA VERSIÓN ÁRABE DEL LIBRO DE LAS CRUCES

JULIO SAMSÓ

El *Libro de las Cruzes* era, hasta hace pocos años, una de las obras alfonsíes de las que se sabía que remontaba a un original árabe por más que éste resultara desconocido. En 1971, Juan Vernet dio a conocer una antología de pasajes árabes de este libro elaborada por el astrólogo marroquí del siglo XV al-Baqqār, titulada *Kitāb al-amṭār wa-l-as^cār* («Libro de las lluvias y de los precios») y conservada en el manuscrito 916 de El Escorial (VERNET, 1971). Por otra parte, Rafael Muñoz ha descubierto otros textos derivados de la misma obra en el manuscrito 918, también de El Escorial: llevan un título análogo (*Bāb al-as^cār wa-l-amṭār ^calà ra'y ahl al-ṣulūb,* «Capítulo sobre los precios y las lluvias de acuerdo con la opinión de los partidarios del [sistema de las] cruces») (MUÑOZ, 1981). De esta doble serie de textos, la primera es, sin duda, la más importante no sólo por ser más completa y extensa, sino sobre todo por su epílogo en el que, tras un breve exordio de al-Baqqār, aparecen citados treinta y nueve versos de la archuza de ^cAbd al-Wāḥid b. Isḥāq al-Ḍabbī que constituyen una versificación del capítulo 57 del *Libro de las Cruzes*. Al-Ḍabbī fue un astrólogo áulico de los emires omeyas Hišām I (788-796) y al-Ḥakam I (796-822) y sobre él no conozco más datos que los que aporta al-Maqqarī (I, 216), según el cual al-Ḍabbī residía en Algeciras cuando fue llamado a Córdoba por Hišām I, en el momento de su subida al trono, para que le levantara el horóscopo. Por otra parte, si el testimonio de al-Baqqār es válido, al-Ḍabbī compuso su archuza en tiempos de al-Ḥakam I, es decir, en un momento en el que todavía no habían llegado a al-Andalus las primeras traducciones árabes de textos astrológicos indios, persas o griegos. Este hecho, unido a las continuas alusiones de los textos árabe y castellano al sistema de las cruces practicado por los antiguos *rūm* de al-Andalus y el Norte de África, ha movido a VERNET (1971) a conjeturar que el *Libro de las Cruzes* deriva, en último término, de un texto astrológico bajolatino conocido en la España Visigoda.

La única misión del párrafo anterior es introducir al lector en el tema y facilitarle la lectura de los treinta y nueve versos de al-Ḍabbī que traduciré y editaré a continuación. En él me he limitado a resumir ideas desarrolladas en otros trabajos (SAMSÓ, 1979 y 1980; POCH, 1980). Un conato de traducción de los nueve primeros versos de la archuza apareció ya en SAMSÓ, 1980, pp. 96-97. Sólo me queda hacer constar que el fragmento conservado de este texto se relaciona con los capítulos del *Libro de las Cruzes* que utilizan técnicas de predicción astrológica más elementales: lista de pronósticos muy simples sobre la meteorología del año con las correspondientes consecuencias en orden a la prosperidad o pobreza del mismo, salud o enfermedades que cabe esperar, etc. Conviene señalar asimismo que estos versos contienen las alusiones más antiguas conocidas en la España Musulmana a la práctica de la medicina astrológica que tan desarrollada aparece, en el siglo x, en el tratado de obstetricia y pediatría de ᶜArīb b. Saᶜd por ejemplo (JAHIER-NOUREDDINE, 1956). Las predicciones se basan en la presencia de los dos planetas más citados en el sistema de las cruces (Saturno y Júpiter) en los signos de agua (Cáncer, Scorpio y Piscis), aire (Géminis, Libra y Acuario), tierra (Tauro, Virgo y Capricornio) y fuego (Áries, Leo y Sagitario) (KASTEN-KIDDLE, p. 7), o en combinaciones de los mismos. Sólo los versos 35 y 36 contienen, aparentemente, una alusión a un tipo de astrología más elaborado que lo que es habitual en este sistema, ya que afirma que cada signo zodiacal tiene un sector específico (*ḥiṣṣa),* constituido por uno o varios grados, en el que el planeta señor del signo ejerce su influencia de manera preeminente. Conviene señalar que esta alusión falta en el texto alfonsí en el que las únicas referencias a porciones específicas dentro de los signos zodiacales corresponden al capítulo 59 que parece una interpolación debida al propio traductor, Yehudá b. Moshé, ya que se inicia con la frase: «Dixo el glosador deste libro» (SÁNCHEZ PÉREZ, 1930, p. 124; KASTEN-KIDDLE, p. 160). La existencia de esta *ḥiṣṣa* justifica el que, aún manteniéndose Júpiter y Saturno en un signo determinado, su fuerza sufra variaciones. Por otra parte, el planeta que ejerce su influencia en la *ḥiṣṣa* no tiene por qué ser Júpiter o Saturno, sino que puede tratarse de otro que distorsione el poder preeminente de los dos grandes planetas del sistema de las cruces. Es difícil precisar más ya que el texto no ofrece suficientes datos: puede tratarse de una alusión a las exaltaciones *(ašrāf)*, a los decanos o a otro tipo de sectores de los signos (*wuŷūh, ḥudūd,* etc.). De todos modos la *ḥiṣṣa* aparece, en el verso 35, dentro de la *ma'wà,* término poco usual en este contexto, pero que tal vez corresponda al concepto de domicilio planetario *(bayt)*. En este caso quizá conviniera identificar la *ḥiṣṣa* con algo similar a las novenas partes de los signos *(nuhbahr)* de la astrología india (BĪRŪNĪ, pp. 266-267), ya que se trata de puntos sensibles dentro de cada domicilio, por más que, evidentemente, no haya que pensar en una dependencia directa entre ambos sistemas.

El fragmento de la archuza de al-Ḍabbī que traduzco a continuación es el texto para-científico hispanoárabe más antiguo conocido y en este hecho radica su interés fundamental. Para facilitar su cotejo con el capítulo 57 del *Libro de las Cruzes* (KASTEN-KIDDLE, pp. 159-160) reproduzco éste, en doble columna, junto a mi traducción, subrayando aquellos pasajes que tienen un paralelo estricto en el texto árabe. Tiene interés el señalar las frecuentes afirmaciones piadosas del astrólogo al-Ḍabbī, quien desea hacer compatibles sus creencias astrológicas con la más estricta ortodoxia musulmana: ello no tiene nada de particular en un profesional que pasó buena parte de su vida pública junto a un emir considerado tradicionalmente tan religioso como Hišām I.[1]

> «Como confirmación de lo que acabamos de exponer, citamos las palabras de ᶜAbd al-Wāḥid b. Isḥāq al-Ḍabbī al final de su archuza, con el fin de apoyarnos en su autoridad en este tipo de astrología judiciaria, con la bendición de Dios, ensalzado sea. En efecto, ᶜAbd al-Wāḥid b. Isḥāq al-Ḍabbī, el astrólogo, compuso una archuza para predecir los acontecimientos atmosféricos y las vicisitudes de los monarcas, de acuerdo con el procedimiento judiciario antiguo corriente en el Magrib, es decir, el sistema de predicción de las cruces, en tiempos de al-Ḥakam [I], Dios esté satisfecho de él. Este sistema judiciario era el habitual entre los antiguos *rūm* en al-Andalus, Ifrīqiya y el Magrib y se basa en fundamentos sanos,

1. Este trabajo debe mucho a mi maestro Juan Vernet y a mis compañeros Ana Labarta y Federico Corriente. Mi agradecimiento, sobre todo, a este último por su concienzuda revisión de la edición y traducción de estos versos.

buenos y sólidos, tal como hemos expuesto anteriormente. Dijo al-Ḍabbī al final de su archuza:

1. Si ves que su fuerza está en los *signos de agua* [puedes hacer un pronóstico] para el año completo.[2] Luego verás abundante circulación de agua en virtud del poder de tu Señor el Generoso.
[Así como también verás] en las montañas enfermedad en los cultivos, frutos y ganado.
El reino y la alabanza corresponden al Señor de la gente,[3] Creador de todas las especies que desea.

Quando fallares las significationes del anno et *el mayor poder de las planetas en los signos áqueos,* et aquellos signos fueren apoderados et sus sennores en ellos, *judga que aquel anno será abondado*[2] et las messes serán buenas, et mayormenter en las tierras et en los logares que son riberas, et iudga que los áruoles crecerán, et serán buenos, et farán muchos fruytos et buenos. *Et iudga otrossí que auerá y muchas aguas et muchas lluuias prouechables, et los ríos et las aguas crecerán,* et todo esto será en los logares llanos et en las uegas. *Mas los logares que son en los montes et en los logares altos, judga que lo que y fuere de áruoles et de plantas que se dannan.*

5. Si ves que su fuerza está en *signos de tierra,* puedes predecir un año lleno de verdor.
Habrá fertilidad en llanuras y tierras áridas, así como en ciudades y valles.
E incluso en arenales y desiertos y en todas las estepas de extensos límites.
La mayor parte de los frutos sufrirá mengua en tal año, a lo largo del cual se producirán indisposiciones y melancolía.

Et quando uieres las significationes et *los poderes del anno en los signos térreos,* et los signos térreos fueren apoderados et fueren sus sennores en ellos, *judga que todos los logares que son en uegas, et en llano, et en arenales, todos serán abondados en toda uianda,* et en todo pan, et todas las messes, et toda uegetable que non a madero, todos farán sus frutos complidos, et crecerán et se multiplicarán.
Mas todos los áruoles que an pye

2. *Al-sana al-ŷardā'* es «año completo». Tal vez el traductor alfonsí interpretó «año perfecto», o sea abundante en todo.

3. *Rabb al-nās:* cf. *Corán* 114,1.

Gloria a Aquel que permite la desgracia del pecador enfermo y fornicador.

et madera se dannarán, et *non farán fruytos* acabados nin por su drecho. *Et accaecerá en los hombres emfermedades melancólicas, assí cuemo es la emfermedat del baço, et estas cosas tales.*

Si ves que su fuerza está en los *signos de aire* [puedes hacer un pronóstico] para todo el año.
Sabrás que la sequía[4] llenará la costa. En él la fertilidad corresponderá a las montañas altas.
Abundarán los frutos, excepto nueces, aceitunas y almendras.
Habrá mucha parálisis facial, abscesos,[5] sofocación,[6] hemiplejía y otras enfermedades.
Predominará en él la mentira patente y la divergencia de opiniones clara y manifiesta.
Gloria a Aquel que conoce todo lo secreto que se contiene en las profundidades del pensamiento humano o en su corazón.

Et quando uieres las significationes del anno en los signos aéreos et *los signos aéreos fueren apoderados* et sus sennores en ellos, *judga que auerá sequedat et mengua en las riberas,* et en las uegas et en los logares llanos. *Et judga que auerá abondancia en los montes altos, et en los logares altos et en las montannas.* Et judga que las messes et toda uegetable que non an pie ny madero que se danna et se pierde, mas todas lás árboles que an pie et madero crecen et *farán buenos frutos si non los nogales et los oliuares,* ca estos sennaladament non crecen con estas significationes. *Et accaece en los homnes paralisy et torcemento de boca,* et espantos, et lo que lis semeia, *et contece en los homnes mentiras, et desacordancias de uoluntades, et malas querencias de uoluntades unos con otros.*

Si ves que los *signos de fuego* ejercen su influencia sobre él [año],

Et quando fallares las significationes del anno en los signos de fogo,

4. *Qabṭ* que, tal como me señala F. Corriente, es tratado aquí como femenino. Cf. otros ejemplos en CORRIENTE (1977), pp. 148-149.

5. Texto y traducción son conjeturales. Cf. la nota correspondiente a mi edición del verso 13.

6. Cf. la nota correspondiente a mi edición del verso 13. Si se acepta la lectura *al-ŷarb* (por *al-ŷarab*) tendríamos, entonces, «sarna».

[sabrás] que el acontecimiento ya se ha producido.
Habrá sequía en llanuras y montañas y la gente morirá de tos.
Todo ello irá acompañado de migraciones [de pueblos], tras producirse la subida de precios, así como enfermedades en el vientre y en el pecho.
Se secarán las tierras por el ardor [del Sol], pero abundarán los frutos en los lugares remotos.
Esto sucede por el poder del Señor del Trono, que es quien envía penalidades [para castigar] la frivolidad.

et estos signos fueren apoderados et los sennores en ellos, *judga sequedat et mengua de aguas,* et caristias, et fambres en todos logares, *también en los campos* cuemo en las uegas, et *como en los montes,* et en todos los logares, et en todas las uillas, et danna se toda uegetable, los que pie et madero et los que non lo an. *Et acaece en los omnes epidimia et mortandat, et emfermedades de tos,* et de cadarro, et tysi, et toda malautía de calor et lo quel semeia.

Si ves que los *signos de tierra y de agua* [que] son los protectores,
Han adquirido fuerza en dicho año, ésta es la señal de la desaparición del terror.
Habrá fertilidad y [abundancia de] productos agrícolas para los habitantes del interior, en los parajes y montañas desolados.
Se abaratarán los precios y las cosas y serán excelentes las condiciones [de vida] y el talante [de la gente].
En él abundará la miel roja, así como las malas costumbres, pero mi Señor perdona.
Gloria a Aquel que crea lo que quiere. A Él corresponde la sublimidad, la gloria y la última decisión [en todo].

Et si fallares las significationes et los poderes del anno meçclados en los signos áqueos, et en los térreos, judga mucha abondançia et lluuias prouechables et en sus sazones, *et meioramiento et accrecemento de toda uegetable, et esto en toda tierra et en todo logar también en los llanos* et en las uegas *como en los montes, et rafeçedumne de toda uianda, et auerá y mucha miel et abondarán todos los bienes de que homne usa.*

Si ves que los *signos de fuego y de viento* gobiernan la situación.

Et si fallares las significationes et los poderes del anno meçclado en los

Y son fuertes en cierto año, mira la blancura en las montañas.
Cuando se espera la generosidad de sus lluvias que caen por designio de Quien las manda.
30. Hay sequía y enfermedad en los frutos en aquellas llanuras suyas, y eso por decreto divino.
Almendras, bellotas y aceitunas, lo mejor que en él [año] puede hacerse es almacenarlas.
En las montañas abundarán los rayos y el agua, entonces, será poca y disminuirá.
Has de saber que este año traerá la peste debido al poder de Aquel que es el Creador de la tierra.
Gloria a Aquel que hace lo que quiere: Él es el Generoso, el Único y el Glorioso.

signos aéreos et ígneos, judga sequía et mengua de aguas, et danno et corruption en los uegetables, et mayormentre será esto en los montes et en los logares altos, et dannan se los áruoles, et non meiura ningún de los áruoles que an madero e pie *si non nogales, et oliuares, et enzinas et robres. Et accaecerán rayos, et mayormentre en las montannas* et en las uillas altas. *Et accaece a los homnes epidimias et mortandat,* et lo qual semeia.

35. Si pierde fuerza y luego la gana [has de saber] que a cada signo le corresponde una porción específica dentro del domicilio.
Una señal distintiva [7] que no se desplaza y en la que su señor ejerce su influencia de manera predominante.
Estos son, sábelo, años de fertilidad en las montañas escarpadas y en la extensión de la estepa.
Luego esta fertilidad y lluvias se asociarán, en su momento, con la abundancia de frutos.
Gloria a Aquel que conoce lo desconocido. Gloria a Él que es el Altísimo y el Grande.

Et quando fallares las significationes meçcladas et los poderes de los signos meçclados, meçcla los iudizios, et judga segund el meçclamento que fuere entre ellos. Et sepas que Saturno et Júpiter quando alguno dellos fuere en alguno de los signos et significa las sus significationes, mientre atura aquel signo quando se para en la fin de aquel signo que sen quiere sallir, estonçe se apodera et se afforça aquella su signification que los mas que pareçe la signification de cada una destas planetas dos en el signo es quando en quiere sallir et que quiere entrar en el otro, entonçes es el su poder embeuido

7. *Šahr:* carece totalmente de sentido entender, aquí, «mes».

en el signo, et apoderado en el, et estonçe parece et se mostra en la terra aquella su signification mayormentre et mas apoderada.[8]

8. Obviamente el texto alfonsí no corresponde, aquí, a los versos 35-39 de la archuza. Pueden observarse, en cambio, ciertas concomitancias con el comentario de al-Baqqār a estos versos que interpreta de modo radicalmente distinto al mío. Cf. el texto árabe en la nota final a la edición: «Si ves que se debilita y luego recupera fuerzas, esto tiene lugar cuando Saturno está a punto de salir del signo y el otro —que es Júpiter— va a entrar en otro signo, tras haber estado ambos en signos *qā'im.* Cuando empieza el año y Saturno ocupa el signo tal, situado delante del signo cual, el año será de aquellos en los que se debilita la naturaleza del signo del que sale [el planeta], a menos que los planetas se encuentren en un signo que refuerce una de las dos naturalezas, bien sea la del signo del que sale, bien la de aquel hacia el cual se dirige. Sábelo. Esto es lo que se estableció en los libros antiguos de astrología judiciaria utilizados entre las gentes del Magrib en época remota antes de que se introdujera la astrología oriental». Los signos *qā'im* (*erechos* en la versión alfonsí) son signos ígneos y aéreos.

EDICIÓN DEL FRAGMENTO CONSERVADO DE LA ARCHUZA DE AL-ḌABBĪ

Presento, a continuación, una edición muy provisional de los treinta y nueve versos traducidos, a partir del único manuscrito conocido, el ms. 916 de El Escorial, fols. 195 r-196 r. Reproduzco el texto, pero normalizo la ortografía según los criterios actuales. Introduzco asimismo algunas correcciones conjeturales exigidas por el sentido o por el metro. No pierdo la esperanza de que aparezcan nuevos manuscritos que nos permitan completar el texto de al-Ḍabbī y aclarar los pasajes oscuros.

ونستشهد على ما تقدّم ذِكْره بما ذَكَره عبد الواحد بن اسحاق (١) الضبّيّ في آخر رجزه لنستظهر به على (٢) هذا النوع من العلم الاحكامي على بركة الله تعالى (٣) وذلك ان عبد الواحد بن اسحاق (١) الضبّيّ المنجّم نظم رجزاً في الاحكام على احداث الجوّ واحوال الملوك على طريقة الاحكام القديمة الجارية في المغرب اعني احكام الصلوب في زمن الحكم رضي الله عنه وهي كانت الاحكام الجارية عند قدماء الروم بالاندلس وافريقية والمغرب وهي مبنية على اصول صحاح حسنة قوية كما تقدّم وقال الضبّيّ في آخر رجزه :

وان رأيت في بروج الماء — قوّتها للسنة الجرداء
ثمّ ترى (٤) كثرة جري الماء — بقدرة من ربّك المعطاء
وفي الجبال عاهة في الزرع — وفي الثمار وذوات الضرع
فالملك والحمد لربّ الناس — خالق ما شاء من الاجناس

١ Ms. اسحق

٢ Ms. في على

٣ Ms. تعلى

٤ Ms. يرى

وان رأيت في بروج الارض — قوّتها فاحْكم بخُول غضّ
والخصب للسهل وللمحائِ (٥) — وللمدائن (٦) وللاباطح
وللرمال بعدُ والبيدان — وكلّ سَهب باسط الاركان
والنقص فيها للثمار جلّها — والوعك والطحال فيها كلّها
سبحان من يأذن بالشقاء — للمُذْنب المسقوم ذي الزناء (٧)

وان رأيت في بروج الريح — قوّتها للعام بالصحيح
فالقحط للساحل فاعلم ماليه (٨) — والخصب فيها (٩) للجبال العاليه
وتكثر الثمار غير الجوز — وغير زيتون وغير لوز
وتكثر اللقوة والنجّات (١٠) — والجرض (١١) والفالج (١٢) والعلاّت
والكَذِب الظاهر فيها يكثر — والاختلاف البيّن المشهور (١٣)
فالحمد للعالم كلّ سرّ — في داخل الضمير او في الصدر

٥ Ms. وللصحائح

٦ Ms. وللمداين

٧ Ms. الظناء

٨ Ms. مايله

٩ Ms. فيها ما que no se ajusta al metro.

١٠ Ms. الزجات La misma forma aparece en otro pasaje del mismo manuscrito (fol. 102 r): اذا كانت المقاتل بالنارية والمشتري في الارضية فانّها سنة وسطى بلقاء ويأخذ الناس الوعك والحمى والطحال واللقوة والزجة والسلّ.

La versión alfonsí de este último texto (cap. 62, p. 164 a, lín. 1-6) traduce: «Mas si fuere Saturno en signo ígneo et Júpiter en térreo, significa anno mediano, et algunos lugares serán rafezes et otros karos; et accaecerán en los homnes febres longas, et emfermedades de baços, et paralisy et tsyquia». Obviamente se omite aquí la traducción de *al-waʿk* y *al-zaŷŷa.* Algo similar sucede en el pasaje correspondiente del capítulo 57 (p. 159 b, lín. 1-3): «Et accaece en los homnes paralisy, et torcemento de boca, et espantos, et lo que lis semeia». La lectura que propongo aquí me ha sido sugerida por R. Muñoz (1981). Otra posibilidad sería leer *raŷŷāt* (estados de confusión) que podría corresponder a los «espantos» del texto alfonsí.

١١ Ms. الجر Ana Labarta me sugirió *al-ŷarḍ* (por *al-ŷaraḍ*). Podría también entenderse *al-ŷarb* (por *al-ŷarab*): cf. Corriente (1977), p. 77.

١٢ Ms. والعالج

١٣ Ms. المشهر

وان رأيت ابرج (١٤) النيران	قوّتها فيها الحلول حان
فالقحط في السهل (١٥) وفي الجبال	والموت في الناس من السبعال (١٦)
مع الجلا بعد غلاء السعر	وعلل في الجوف او في الصدر
وتيبس الارْضون باحتراق	وتكثر الاثمار في الآفاق
بقدرة ذلك من ذي العرش	ومنزل الاوبال بعد الطيش

وان رأيت ابرج (١٤) التراب	وابرج (١٤) الماء لذي النكاب
قد قويت (١٧) سنتها للحول	فتلك آية انقشاع الهول
والخصب والزرع لاهل البرّ (١٨)	من النواحي وجبال القفر
وترخص الاسعار والاشياء	وتصلح الحالات والاهواء
والعسل الاحمر فيها يكثر	ويكثر الفسق وربّي يغفر
سبحانه يخلق ما يشاء	له العلى والمجد والقضاء

وان رأيت ابرج (١٤) النيران	وابرج (١٤) الريح ولاة (١٩) الشان
قد قويت حولاً من الاحوال	فانظر الى البياض في الجبال
حين يُرَجَّى الجود من امطارها	يُوقع بالقدرة من جبّارها
فالقحط والعاهة في الثمار	في سهلها ذلك بالاقدار

١٤ Mantengo la lectura ابرج del ms. (en lugar de ابراج) debido al metro.

١٥ Ms. vocalizado السَّهِل

١٦ Ms. vocalizado السِعال

١٧ Ms. قوية

١٨ Ms. البدر

١٩ Ms. ولات

والجــوز والبلّــوط والزيتــون   الذخــر (٢٠) فيهــا خير ما يكون
وفــي الجبــال يكثــر الصواعق   والمــاء اذ ذاك يسير ماحق
وتلك فاعلــم سنــة وبيــة   بقــدرة من خالــق البرّيّة
سبحانــه يفعــل ما يريــد   هــو الــكريم الــواحد المجيد

وان تكن تضــعف ثم تقوى   لكلّ برج حصّــة في المثوى
شهــر من الشهــور غير المنْقل   يدرك من صاحبــه بالمفْضل
فتلك فاعلم من سنين (٢١) الخصب   في اجبل الوعــر وعــرض السهب
وثمّ ذاك (٢٢) الخصــب بالامطار   في حينهــا معْ كثــرة الثمار
سبحــان من يعلــم ما لايعلم   سبحانه هو العلــيّ الاعظــم (٢٣)

٢٠ Ms. الدخر

٢١ *Sic* en el ms. Mantengo la lectura debido al metro.

٢٢ Ms. ذلك Corrijo debido al metro.

٢٣ Tiene interés el reproducir aquí el comentario de al-Baqqār a los versos 35-39, que aparece en el ms. 916, fol. 196 r.

وان تكــن رأيتها تضعف ثمّ تقوى اذا كــان المقاتــل على الخروج مــن البرج [و] الاخــر على الدخــول وهو المشتري في برج آخر بعد ما كانا جميعا في بروج قائمة فلمّا دخلت السنة حلّ زحل بهذا قبل هذا فهي من السنين التي تضعف فيها طبيعة الموضع التي [كـذا] خرجت عنه الاّ ان تكون الدُراریء [كـذا] في برج يقوّي احد الطبيعتين امّا التي خرجت عنها او التي انتقلت اليها . تعلم [كـذا] . فهذا ما ثبت في كتب الاحكام القديمة المستعملة عند اهل المغرب على قديم الدهر قبل وصول الاحكام المشرقية .

BIBLIOGRAFÍA CITADA

BĪRŪNĪ: Al-Bīrūnī, *The book of instruction in the elements of the art of astrology.* Ed. y trad. R. Ramsay Wright. London, 1934.

CORRIENTE, 1977: F. Corriente, *A Grammatical Sketch of the Spanish Arabic Dialect Bundle.* Madrid, 1977.

JAHIER-NOUREDDINE: Henri Jahier y Noureddine Abdelkader, *Kitâb Khalq al-Janîn wa-Tadbîr al-H'abâlâ wa'l-Mawlûdîn. Le Livre de la Génération du Foetus et le Traitement des Femmes enceintes et des Nouveau-nés.* Alger, 1375/1956.

KASTEN-KIDDLE: Alfonso el Sabio, *Libro de las Cruzes.* Ed. Lloyd A. Kasten y Lawrence B. Kiddle. Madrid-Madison, 1961.

MAQQARĪ: Al-Maqqarī, *Nafḥ al-Ṭīb.* Ed. R. Dozy. Leiden, 1885-1861.

MUÑOZ, 1981: R. Muñoz, *Textos árabes del «Libro de las Cruces» de Alfonso X.* «Textos y Estudios sobre Astronomía Española en el siglo XIII», editados por Juan Vernet (Barcelona, 1981), pp. 175-204.

POCH, 1980: M.ª Dolores Poch, *El concepto de quemazón en el Libro de las Cruces.* «Awrāq» 3 (1980), 68-74.

SAMSÓ, 1979: J. Samsó, *The Early Development of Astrology in al-Andalus.* «Journal for the History of Arabic Science» 3 (1979), 228-243.

SAMSÓ, 1980: J. Samsó, *Alfonso X y los orígenes de la astrología hispánica.* «Estudios sobre Historia de la Ciencia Árabe» (Barcelona, 1980), 83-114.

SÁNCHEZ-PÉREZ, 1930: José A. Sánchez-Pérez, *El Libro de las Cruces.* «Isis» 14 (1930), 77-132.

VERNET, 1971: Juan Vernet, *Tradición e innovación en la ciencia medieval.* «Oriente e Occidente nel Medioevo: Filosofia e Scienze». Accademia Nazionale dei Lincei (Roma, 1971), 741-757. Reeditado en sus *Estudios sobre Historia de la Ciencia Medieval.* Barcelona-Bellaterra, 1979, págs. 173-189.

ÍNDICE GENERAL